FORSCHUNGSBERICHTE DES LANDES NORDRHEIN-WESTFALEN

Nr. 1829

Herausgegeben
im Auftrage des Ministerpräsidenten Heinz Kühn
von Staatssekretär Professor Dr. h. c. Dr. E. h. Leo Brandt

FORSCHUNGSBERICHTE DES LANDES NORDRHEIN-WESTFALEN

Nr. 1527

DK 621.9–183.2–75

Prof. Dr.-Ing. Dr. h. c. Herwart Opitz
Dr.-Ing. Ernst Ulrich Dregger
Dr.-Ing. Günther Geiger
Dr.-Ing. Ernst Rehling

Laboratorium für Werkzeugmaschinen und Betriebslehre
der Rhein.-Westf. Techn. Hochschule Aachen

Untersuchungen über das Verhalten von Schwerwerkzeugmaschinen unter statischer und dynamischer Belastung

WESTDEUTSCHER VERLAG · KÖLN UND OPLADEN 1967

ISBN 978-3-663-06521-0   ISBN 978-3-663-07434-2 (eBook)
DOI 10.1007/978-3-663-07434-2

Verlags-Nr. 011829

© 1967 by Westdeutscher Verlag, Köln und Opladen

Gesamtherstellung: Westdeutscher Verlag

Inhalt

1. Einführung 7
2. Anforderungen an Schwerwerkzeugmaschinen 8
3. Statisches Verhalten von Schwerwerkzeugmaschinen 12
   3.1 Meßtechnische Erfassung der statischen Kennwerte 12
   3.2 Statisches Verhalten der Einzelelemente 13
   3.3 Kraftflußanalyse 20
4. Hydraulische Wechselkrafterreger zur dynamischen Untersuchung von Werkzeugmaschinen 23
   4.1 Aufbau und Wirkungsweise der Erreger 23
   4.2 Arbeitsbereich der Erreger 26
5. Dynamisches Verhalten von Schwerwerkzeugmaschinen 30
   5.1 Meßtechnische Erfassung des dynamischen Verhaltens 30
   5.2 Dynamisches Verhalten der Einzelelemente 31
6. Schwingungen während der Zerspanung 38
   6.1 Theorie der selbsterregten Schwingungen 39
   6.2 Anwendbarkeit der Theorie bei Schwerwerkzeugmaschinen 42
7. Zusammenfassung 47

Literaturverzeichnis 49

1. Einführung

Mit der fortschreitenden Entwicklung auf allen technischen Gebieten erhöhen sich in gleichem Maße die Anforderungen an die Werkzeugmaschinen. Sowohl eine bessere Maß-, Form- und Oberflächengenauigkeit der gefertigten Werkstücke, wie auch größere Zerspanungsleistungen, die auf Grund neuartiger Schneidstoffe möglich geworden sind, und damit eine volle Ausnutzung der installierten Motorleistung werden von den Werkzeugmaschinen gefordert.
Die Arbeitsgenauigkeit einer Werkzeugmaschine hängt in starkem Maße davon ab, inwieweit die für eine fehlerfreie Herstellung geforderte Relativbewegung zwischen Werkstück und Werkzeug eingehalten wird. Die Abweichungen von dem geforderten Bewegungsablauf werden durch geometrische Abweichungen z. B. in den Führungen und auch durch Verformungen infolge statischer und dynamischer Kräfte beeinflußt.
Die geometrischen Abweichungen sind einfach zu übersehen, relativ leicht zu messen und in den Abnahmevorschriften, die SCHLESINGER [1] für die verschiedenen Maschinengattungen aufstellte, klar eingegrenzt. Demgegenüber stellt die Ermittlung des Verhaltens einer Maschine gegenüber statischen und dynamischen Kräften ein sehr komplexes Problem dar.
Experimentelle Untersuchungen an Werkzeugmaschinen kleiner und mittlerer Bauart haben vielfach zu konstruktiven Änderungen geführt, die eine Verbesserung der Maschinen hinsichtlich ihrer statischen und dynamischen Eigenschaften zur Folge hatten. Dagegen beschränkte man sich bei Schwerwerkzeugmaschinen bisher wegen des mit den Messungen verbundenen Aufwandes meist auf Untersuchungen an maßstäblich verkleinerten Modellen. Ein wesentliches Problem solcher Modellversuche liegt darin, daß die Übertragbarkeit der am Modell gewonnenen Ergebnisse auf die Hauptausführung vom Grad der Ähnlichkeit zwischen den beiden Systemen abhängt. Die geforderte Ähnlichkeit läßt sich zwar bei den einzelnen Bauelementen, wie Betten, Ständer und Querbalken, weitgehend verwirklichen, nicht aber hinsichtlich der Kopplung dieser Bauteile untereinander. Es liegen hier häufig nicht eindeutig erfaßbare Einspannbedingungen und Reibungsverhältnisse vor, so daß die Aussagefähigkeit der Modellversuche wesentlich beeinträchtigt werden kann. Daher sind experimentelle Untersuchungen an der ausgeführten Maschine unerläßlich, um den Einfluß der statischen und dynamischen Eigenschaften auf die Arbeitsgenauigkeit, insbesondere von Schwerwerkzeugmaschinen, festzustellen.
Im folgenden soll das Verhalten von Schwerwerkzeugmaschinen und deren Bauelementen gegenüber statischen und dynamischen Kräften untersucht sowie typische Schwachstellen aufgezeigt werden. Außerdem soll mit Hilfe vorhandener Kriterien, die an kleinen Maschinen aufgestellt wurden, das Ratterverhalten von Schwerwerkzeugmaschinen bestimmt und diese Ergebnisse durch entsprechende Zerspanungsversuche geprüft werden.

2. Anforderungen an Schwerwerkzeugmaschinen

Schwerwerkzeugmaschinen, die für die Bearbeitung großer Werkstücke bestimmt sind, zeichnen sich nicht nur durch ihre größeren Abmessungen, sondern teilweise auch durch ganz andere Konstruktionsprinzipien aus, als sie bei kleinen Werkzeugmaschinen üblich sind. Diese Unterschiede ergeben sich aus der speziellen Massenverteilung innerhalb des Maschinenaufbaus und aus den besonderen Anforderungen, die an derartige Maschinen gestellt werden.

Für eine grundsätzliche Unterscheidung der Schwerwerkzeugmaschinen von den kleineren Werkzeugmaschinen können die für einzelne Maschienenarten üblichen Kennwerte, z. B. Spitzenhöhe, Spindelbohrung, Aufspannfläche etc. nicht herangezogen werden, da diese Daten nur innerhalb bestimmter Maschinengattungen gelten. Verglichen wurden deshalb die Leistung der Spindelantriebsmotoren, der Arbeitsbereich und das Gewicht der Maschinen. Unter Arbeitsbereich sei das Volumen verstanden, in dem das Werkzeug ohne Umspannen Zerspanungsarbeit am Werkstück leisten kann. Da nur wenige Hersteller Angaben über das maximale Werkstückgewicht machen, war es nicht möglich, dieses in den Vergleich mit einzubeziehen.

In Abb. 1 ist das Verhältnis von installierter Leistung an der Arbeitsspindel zum Gesamtgewicht der Maschinen dargestellt. Man sieht, daß Drehbänke, Fräsmaschinen und Einständerkarusselldrehmaschinen wesentlich höhere Schnittleistungen bezogen auf das Maschinengewicht aufweisen als andere Maschinentypen. Wenn auch in einer Darstellung der absoluten Werte große Streuungen auftreten, z. B. werden Walzendrehbänke mit gleicher Spitzenhöhe aber unterschiedlichen Antriebsleistungen und Bettlängen gebaut, so ergeben sich doch für die einzelnen Maschinenarten klar abgesetzte Bereiche, die nur von einigen extrem großen Maschinen überschritten werden.

In Abb. 2 ist das Gewicht der Maschinen auf den Arbeitsbereich bezogen. Während bei Dreh- und Fräsmaschinen das Verhältnis von Maschinengewicht zu Arbeitsbereich zwischen 10 und 100 beträgt, liegen alle anderen betrachteten Maschinen einschließlich der Einständerkarusselldrehmaschinen zwischen 1 und 10. Entsprechend der in Abb. 2 eingezeichneten Trennungslinie lassen sich demnach Schwerwerkzeugmaschinen von den kleinen Maschinen abgrenzen.

Die in den Abb. 1 und 2 wiedergegebenen Zusammenhänge zeigen, daß bei kleineren Werkzeugmaschinen die Zerspanungskräfte als Hauptbelastung anzusehen sind. Dagegen überwiegen bei Schwerwerkzeugmaschinen die Werkstückgewichte, die in dieser Betrachtung verhältnisgleich zu den Werkstückvolumina gesetzt werden können.

Da die Werkstückgewichte an kleineren Maschinen relativ klein im Verhältnis zum Maschinengewicht sind und die Maschinen vorwiegend einen geschlossenen

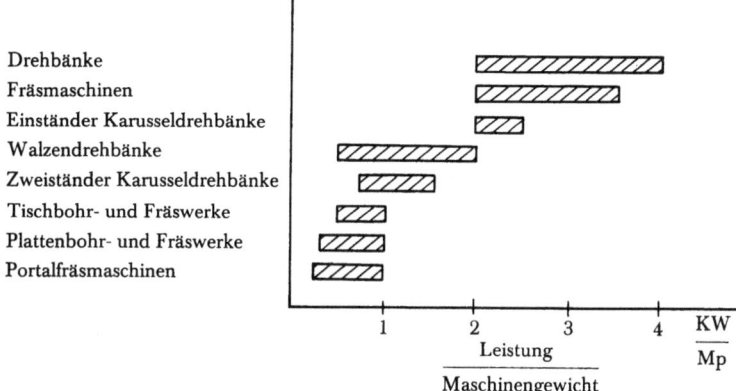

Abb. 1 Leistung an der Arbeitsspindel von Werkzeugmaschinen bezogen auf das Maschinengewicht

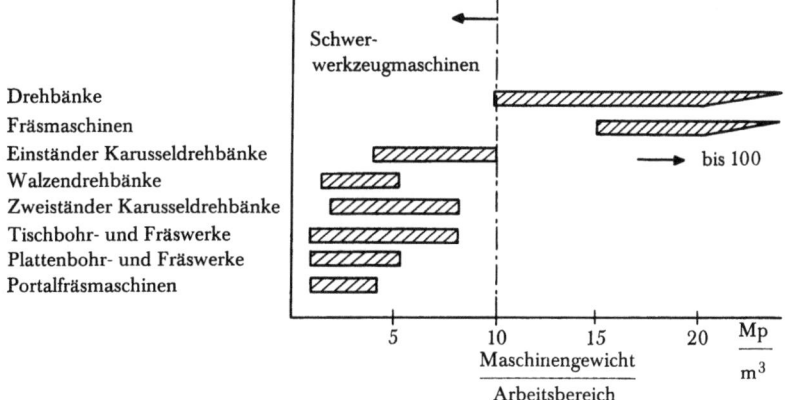

Abb. 2 Gewicht von Werkzeugmaschinen bezogen auf den Arbeitsbereich

Kraftfluß aufweisen, müssen die Bauteile und insbesondere das Gestell entsprechend steif ausgebildet sein. Diese Maschinen besitzen also eine hohe Eigensteifigkeit, und der Einfluß des Fundaments ist relativ gering. Schwerwerkzeugmaschinen dagegen können wegen der durch die großen Werkstückabmessungen bedingten Maschinengröße nicht eigensteif gebaut werden. Das Fundament muß deshalb in den Kraftfluß mit einbezogen werden. Es muß so steif sein, daß die großen wandernden Lasten von Tisch, Werkstück, Support u. ä. keine unzulässigen Verformungen der Maschine hervorrufen. Aus diesem Grunde hat bei Schwerwerkzeugmaschinen das Fundament einen erheblichen Einfluß auf die Gesamtsteifigkeit der Maschine.

Die Zerspanungskräfte an Schwerwerkzeugmaschinen sind im Vergleich zu den aufzunehmenden Werkstückgewichten und zu den Maschinengewichten wesentlich geringer als an kleinen Werkzeugmaschinen. Sie können jedoch erhebliche

Verformungen verursachen, da infolge der Dimensionen der Maschinen erhebliche Biegemomente durch die großen Hebelarme zwischen Kraftangriffspunkt und Einspannstelle entstehen. Den Auswirkungen dieser Biegemomente ist weniger durch schwere Konstruktionen als vielmehr durch eine günstige Materialverteilung zu begegnen.

Den starken Beanspruchungen der Maschine durch statische und dynamische Kräfte stehen hohe Genauigkeitsforderungen gegenüber. Wegen der hohen Anschaffungskosten und aus Gründen einer wirtschaftlichen Ausnutzung ist es vielfach erforderlich, daß große Werkstücke auf einer Maschine vor- und fertigbearbeitet werden. Außerdem wird angestrebt, eine Feinbearbeitung der Oberfläche durch Schaben und Schleifen soweit wie möglich einzusparen. Von Schwerwerkzeugmaschinen wird heute fast die gleiche absolute Arbeitsgenauigkeit wie von kleineren Maschinen verlangt. Toleranzen von wenigen hundertstel Millimetern werden bei der Abnahme sowohl der Schwerwerkzeugmaschinen als auch der auf ihnen gefertigten Werkstücke wie z. B. Turbinenläufer und Walzenständer häufig gefordert. Ein Vergleich der geforderten Genauigkeiten mit den Toleranzfeldern der ISA-Qualitäten für große Abmessungen – vgl. Abb. 3 – zeigt, daß im Schwermaschinenbau oft im Bereich der Qualitäten 4 und besser gearbeitet werden muß.

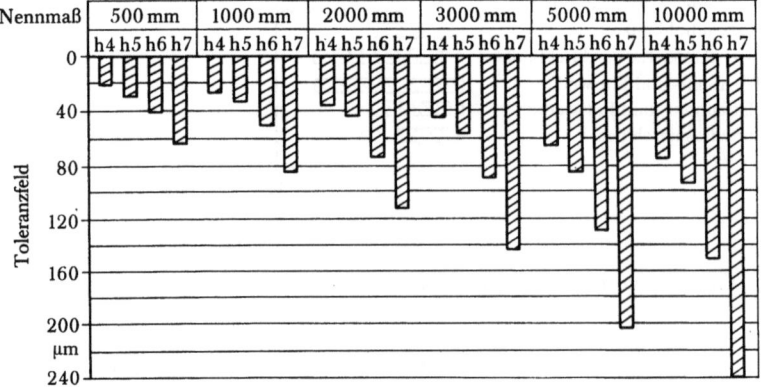

Abb. 3   Im Maschinenbau übliche Toleranzfelder für große Durchmesser

Derartige Toleranzen können nur dann eingehalten werden, wenn die einzelnen Bauteile der verwendeten Maschinen eine ausreichende Starrheit aufweisen. Mit Ausnahme der Walzendrehbänke haben alle hier betrachteten Schwerwerkzeugmaschinen als charakteristische Bauteile einen oder zwei Ständer, welche die Schnittkräfte, die von Supporten und Querbalken übertragen werden, aufnehmen und in das Fundament einleiten. Daher lassen sich die Ergebnisse von Messungen an Portalfräsmaschinen, auf die sich die hier beschriebenen Untersuchungen vorwiegend beziehen, auch auf andere Maschinentypen übertragen.

Die Abb. 4 zeigt schematisch eine der im folgenden untersuchten Portalfräsmaschinen mit den bei der Darstellung der Ergebnisse verwendeten Bezeichnungen und Koordinatenrichtungen. Die wesentlichen Maschinendaten der untersuchten Maschinen sind:

Lichte Weite zwischen den Ständern	4 500– 5 000 mm
Lichte Höhe zwischen Tisch und Querbalken	3 800– 4 300 mm
Tischaufspannlänge	11 000–15 000 mm
Bettlänge	23 000–33 000 mm
Installierte Leistung je Frässupport	100– 125 kW

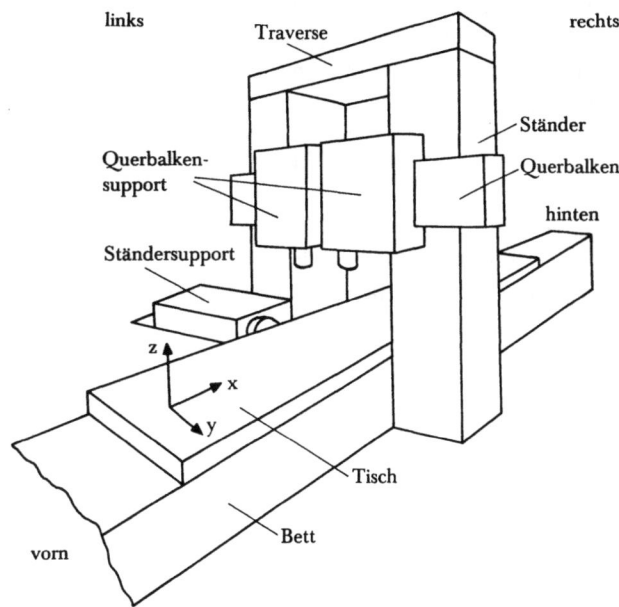

Abb. 4   Schematische Darstellung einer Portalfräsmaschine

3. Verhalten von Schwerwerkzeugmaschinen bei statischer Belastung

Während der Zerspanung bewirken die Schnittkräfte und die Gewichte der sich bewegenden Maschinenteile Verlagerungen an der Schnittstelle. Die Größe dieser Verlagerungen hängt nicht nur von der Größe der angreifenden Kräfte und Momente sondern auch von der Steifigkeit oder Starrheit c der Maschine ab. Diese ist als der Quotient aus der aufgebrachten Kraft P und der durch diese Kraft hervorgerufenen elastischen Verformung f am Kraftangriffspunkt in Richtung der Kraft definiert:

$$c = \frac{P}{f} \quad [\text{kp}/\mu\text{m}]$$

Der Kehrwert der Steifigkeit wird mit Nachgiebigkeit bezeichnet. Die Gesamtverformung an der Kraftangriffsstelle teilt sich auf alle im Kraftfluß liegenden Elemente entsprechend ihrer Starrheit auf. Diese Elemente verhalten sich dabei wie in Reihe geschaltete Federn, so daß sich die Gesamtnachgiebigkeit ergibt zu:

$$\frac{1}{c_{\text{ges}}} = \frac{1}{c_1} = \frac{1}{c_2} + \cdots + \frac{1}{c_n} \quad [\mu\text{m}/\text{kp}]$$

Im Rahmen der statischen Untersuchungen soll daher in Form einer Kraftflußanalyse der Anteil der einzelnen an der Gesamtverformung beteiligten Elemente ermittelt und somit die Schwachstellen für verschiedene Stellungen von Querbalken und Pinole aufgezeigt werden.
Neben der Starrheit der Elemente beeinflussen darüber hinaus noch die Verbindungsstellen, z. B. Schraub- und Klemmverbindungen, die Gesamtverformung in starkem Maße. Deshalb muß den Verbindungsstellen besondere Aufmerksamkeit gewidmet werden.

3.1 Meßtechnische Erfassung des Verhaltens bei statischer Belastung

Zur Bestimmung der statischen Steifigkeiten und zur Untersuchung der während der Bearbeitung auftretenden Verformungen muß die Maschine durch definierte statische Kräfte belastet werden. Um den praktischen Belastungsfällen zu entsprechen, ist es hierbei erforderlich, diese Kräfte etwa in der gleichen Größe zu wählen, wie sie während der Zerspanung auftreten.
Bei einschneidigen Werkzeugen und ununterbrochenem Schnitt, z. B. beim Drehen, besteht die Schnittkraft im wesentlichen nur aus einem statischen Anteil, der nach Größe und Richtung relativ einfach bestimmt werden kann [9, 10]. Dagegen ist beim Fräsen der statischen Schnittkraft auf Grund des periodischen

Messereingriffs ein dynamischer Anteil überlagert. Für die Festlegung der Versuchsbedingungen wurde im vorliegenden Fall von der mittleren statischen Schnittkraft ausgegangen, die zwischen Fräser und Werkstück angreift. Sie liegt während der Schruppbearbeitung auf Portalmaschinen in den drei Koordinatenrichtungen gewöhnlich in der Größenordnung von etwa 5000 kp. Diese Kräfte wurden im Versuch mit Hilfe hydraulischer Kolbenpumpen simuliert und jeweils in drei zueinander senkrechten Richtungen aufgebracht.

Eine besondere Schwierigkeit bei der statischen Untersuchung von Schwerwerkzeugmaschinen stellt die Messung der auftretenden Verlagerungen dar. Da sich unter der Wirkung einer Kraft an der Schnittstelle alle nachgeschalteten Maschinenelemente – wie Support, Querbalken und Ständer – verformen, muß die Messung von einem absoluten Bezugssystem aus durchgeführt werden, das nicht mit der Maschine verbunden ist. Das gilt auch dann, wenn die Verformungsanteile der einzelnen Elemente und ihre Relativverschiebungen bestimmt werden sollen, da sich bei allen Relativmessungen durch die von den Meßständern herrührenden Hebelübersetzungen und immer eintretenden Verformungen des Fußpunktes erhebliche Fehler ergeben können. Zur Bestimmung der Relativverlagerung, z. B. zwischen Querbalken und Ständer, muß von den absolut gemessenen Verlagerungen der Bauteile ausgegangen werden. Das notwendige absolute Bezugssystem kann beispielsweise ein Profilträger darstellen, der außerhalb des sich bei der Kraftaufbringung verformenden Fundamentes unterstützt ist.

Da die Verlagerung an der Schnittstelle zu einem wesentlichen Teil durch eine Biegung der Ständer verursacht wird, muß auch die Neigung der Führungsbahnen bestimmt werden. Eine Durchführung dieser Messung mit Hilfe von Wegaufnehmern ist wegen der langen Meßgestänge schwierig und kann zu beträchtlichen Fehlern führen. Aus diesem Grunde wurde bei mehreren Messungen ein automatischer Autokollimator verwendet.

Das Gerät besitzt eine Empfindlichkeit von 0,1 Winkelsekunde – das entspricht einer Neigung von 0,5 μm/m. Zur Messung wird der Reflexionsspiegel an verschiedenen Meßpunkten befestigt, während das Fernrohr außerhalb des Maschinenbereiches aufgestellt werden kann. Dies entspricht wiederum dem Messen von einer absoluten Basis aus.

3.2 Statisches Verhalten der Einzelelemente

Wie einleitend ausgeführt, ergeben die Verlagerungsanteile der im Kraftfluß liegenden Elemente die Gesamtverlagerung an der Schnittstelle. Daher soll zunächst das statische Verhalten der einzelnen Elemente, und zwar:

des Portals und der Verbindungsstellen zwischen Portal und Fundament,
des Querbalkens,
des Supportes und
des Tisches

analysiert werden.

Zur Untersuchung der Ständer wurde die Belastung an der Spindelnase eines Querbalkensupports in Querbalkenmitte aufgebracht. Der Querbalken befand sich in seiner höchsten Arbeitsstellung.

Bei einer Belastung von 5000 kp in y-Richtung ergibt sich die in Abb. 5 rechts dargestellte Verformung der inneren Führungsbahnen der beiden Ständer. Die Verlagerung in Höhe des Kraftangriffspunktes beträgt ca. 110 μm. Das Ergebnis der Messung der unter gleichen Bedingungen durchgeführten Belastung in x-Richtung ist auf der linken Seite des Bildes wiedergegeben. Die Auslenkungen betragen für beide Ständer in Höhe des Kraftangriffspunktes an der inneren Führungsbahn 92 μm und an der äußeren 84 μm.

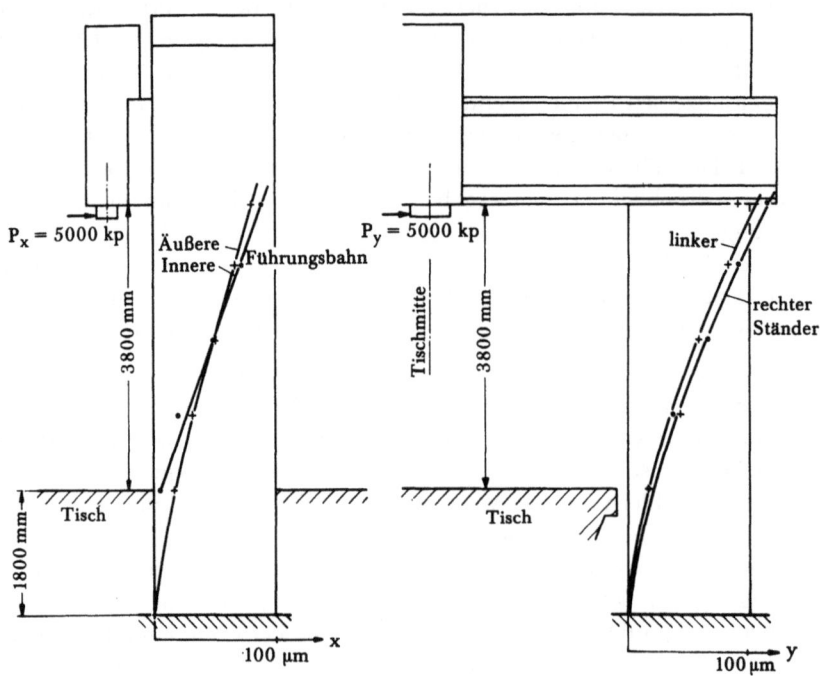

Abb. 5   Ständerverformung in x- bzw. y-Richtung

Die bei den statischen Versuchen ermittelten Werte variieren bei ähnlicher Ausführung der Konstruktion im allgemeinen um nicht mehr als 10%. Größere Abweichungen konnten immer durch konstruktive Unterschiede erklärt werden. So ergaben sich beim Vergleich der an zwei Maschinen in Höhe des Kraftangriffspunktes gemessenen maximalen Verlagerungen die in Abb. 6 dargestellten Unterschiede. Die Werte bei Belastung in x-Richtung differieren nicht sehr bei beiden Maschinen. Erhebliche Unterschiede ergeben sich jedoch bei Belastung in y-Richtung. Die Ursache hierfür ist in der Ausbildung der Ständerquerschnitte zu suchen. Die in y-Richtung wesentlich steifere Maschine hat einen dreigeteilten Ständer mit einer wesentlich größeren Ausdehnung des mittleren Teiles in y-Richtung.

Bei den untersuchten Maschinen war der Ständer seitlich mit dem Bett verschraubt. Aus diesem Grunde ist die Verlagerung der inneren Führungsbahn in Höhe des Tisches geringer als die der äußeren Führungsbahn, wie aus Abb. 5 links zu ersehen ist. Der Verlauf der Biegelinie der äußeren Führungsbahn läßt erkennen, daß am Fuße des Ständers bereits eine relativ große Neigung vorhanden ist. Dieses Verhalten wurde mit Hilfe des bereits beschriebenen automatischen Autokollimators überprüft.

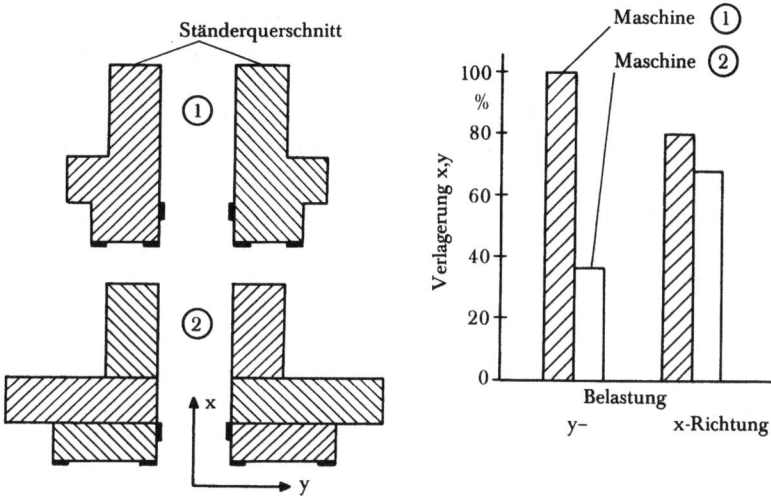

Abb. 6   Einfluß des Ständerquerschnitts auf die Verlagerung des Ständers

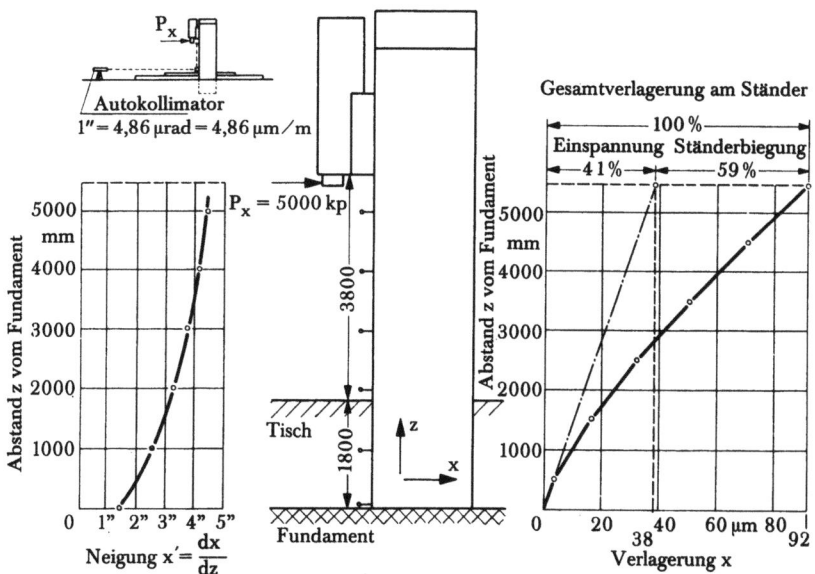

Abb. 7   Neigung der Ständerführungsbahnen

Wird der Ständer unter der gleichen Bedingung, wie erläutert, belastet, so ergibt sich für die Neigung der Ständerführungsbahnen der in Abb. 7 wiedergegebene Verlauf. Es zeigt sich darin eine gute Übereinstimmung mit den in Abb. 5 dargestellten Ergebnissen. Eine Neigung am Ständerfuß von ca. 1,5″ bedeutet, daß allein durch die Nachgiebigkeit der Verbindung zwischen Ständerfuß und Fundament eine Verlagerung von 38 µm in Höhe des Kraftangriffspunktes verursacht wird. Das ist etwas weniger als die Hälfte der Gesamtverformung an dieser Stelle. Hieraus ersieht man die Bedeutung, die der Fundamentierung sowie den zur Befestigung der Maschinen und zur Nachstellung benutzten Richtelementen zukommt, vor allem dann, wenn der Kraftfluß über diese Elemente geht.

Neben dem Portal ist der Querbalken von maßgebender Bedeutung für die Gesamtverformung an der Schnittstelle. Dabei ist außer der Eigensteifigkeit des Querbalkens die Wirksamkeit der Klemmung am Ständer wichtig. Der Einfluß der Klemmung auf die Lage des Querbalkens zum Ständer geht aus Abb. 8 hervor. Hier wurde der in eine beliebige Position eingefahrene Querbalken zunächst geklemmt und die Klemmung anschließend wieder gelöst. Dieser Vorgang wurde mehrmals wiederholt und die Verlagerung des Querbalkens von einer absoluten Meßbasis aus gemessen. Nach dem Lösen der Klemmung senkt sich der Querbalken um ca. 60 µm und neigt sich um ca. 1′. Dieser Tatsache muß in jedem Fall beim Längs- und Querfräsen in einer Aufspannung Rechnung getragen werden, da auf Grund dieser Neigung eine zusätzliche Welligkeit quer zur Fräsbahn entsteht, die sich vor allem beim Fräsen von Dichtflächen ungünstig auswirkt.

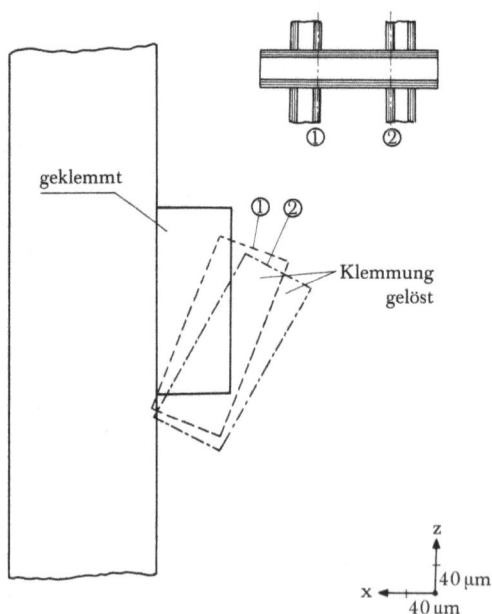

Abb. 8 Verlagerung des Querbalkens nach dem Lösen der Klemmung

Neben den Schnittkräften können auch die sich während der Bearbeitung auf Grund des Vorschubes verlagernden Supportgewichte zu Querbalkenverformungen führen. Diese können sehr erheblich sein, wenn nicht besondere Maßnahmen, wie Gewichtsausgleich der Supporte oder Balligschaben der Querbalkenführungsbahn zur Vermeidung dieser unerwünschten Verlagerung des Supportes vorgesehen werden.

In Abb. 9 sind durchgezogen die Biegelinien des Querbalkens bei verschiedenen Positionen des rechten Supportes dargestellt und – gestrichelt – die Biegelinien beim Verfahren des linken Supportes. Es zeigt sich, daß bei der Verschiebung eines Supportes eine maximale Durchbiegung des Querbalkens von 41 μm auftreten kann. Beim Verfahren des linken Frässupportes ergibt sich spiegelbildlich das gleiche Verhalten. Beim Überlauf beider Supporte war die maximale Durchbiegung der Querbalkenunterkante 72 μm. Die hier gezeigten Ergebnisse geben an, um wieviel der Querbalken ballig zu schaben wäre, damit die Spindelnase des verfahrenen Supportes einer geraden Linie folgt. Die Biegelinie des Querbalkens bei Belastung mit P_x bzw. $P_z = 5000$ kp an der Querbalkenunterkante ist in Abb. 10 dargestellt. Bei der Belastung in x-Richtung zeigt sich deutlich die durch den außermittigen Kraftangriff hervorgerufene Torsion des Querbalkens in dem Unterschied der Verlagerung der unteren gegenüber der oberen Führungsbahn. Die maximale Durchbiegung des Querbalkens beträgt bei Belastung in x-Richtung 52 μm und in z-Richtung 19 μm. Hierin ist ein Anteil enthalten, der auf die

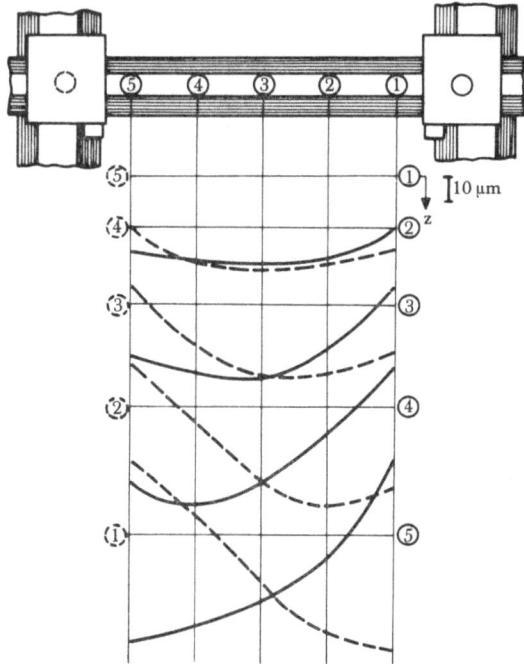

Abb. 9 Durchhang des Querbalkens bei verschiedenen Supportstellungen

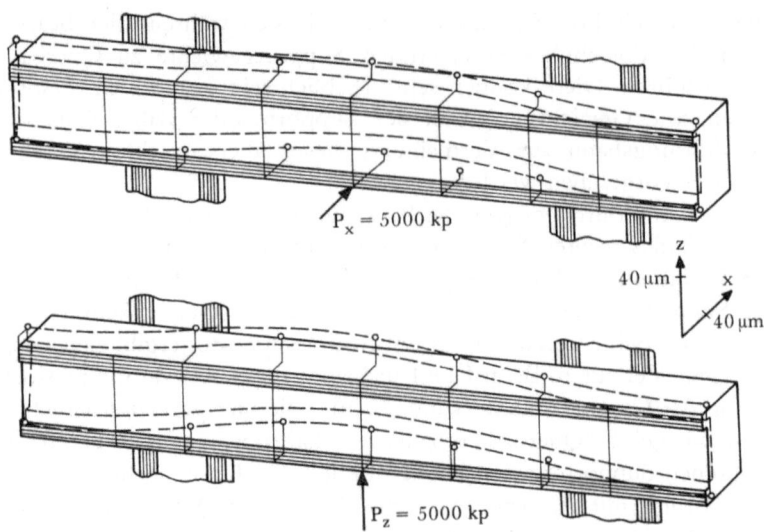

Abb. 10 Biegelinien des Querbalkens bei Belastung in horizontaler und vertikaler Richtung

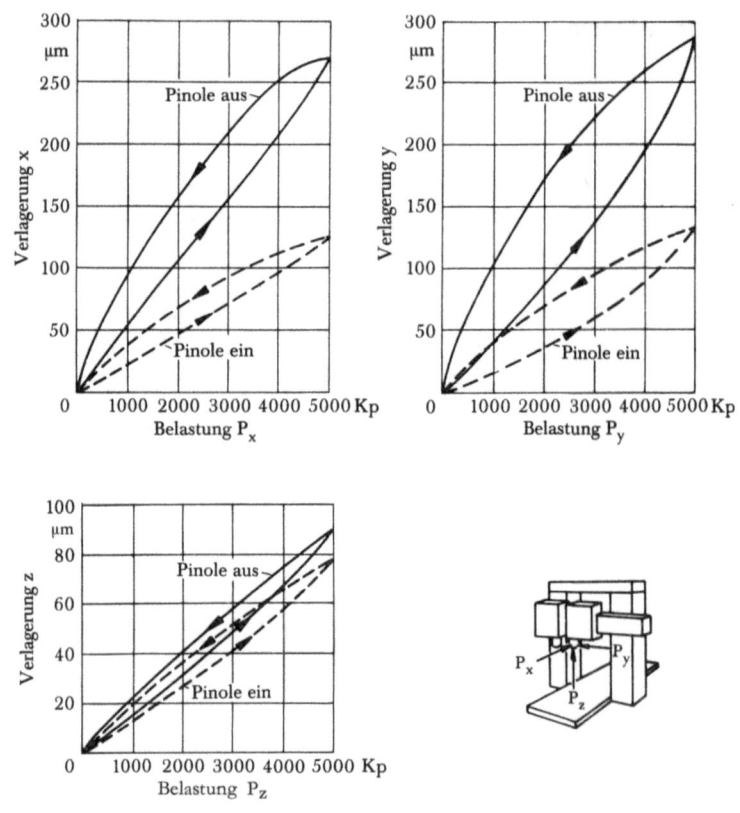

Abb. 11 Kraft-Verformungskurven bei Belastung an der Spindelnase

Ständerbiegung in x-Richtung zurückzuführen ist, nämlich ca. 12 µm bei Belastung in x-Richtung und ca. 8 µm bei Belastung in z-Richtung.
Während der Bearbeitung greift die Schnittkraft am Messerkopf an der Spindelnase an. Bei Kraftaufbringung an der Spindelnase des rechten Frässupportes in den Richtungen x, y und z bei ein- und ausgefahrener Pinole ergeben sich die in Abb. 11 gezeigten Kraft-Verformungskurven.
Die Kurven zeigen eine relativ starke Hysterese, die vor allem auf die Reibung zwischen den einzelnen Maschinenelementen zurückzuführen ist. Diese Erscheinung ist in der z-Richtung etwas weniger ausgeprägt. Das ist darauf zurückzuführen, daß bei einem Supportgewicht von ca. 15 Mp die aufgebrachte Belastung von 5 Mp im wesentlichen nur elastische Verformungen hervorruft und weniger zu Relativbewegungen zwischen Support und Querbalken führt als dies bei einer Belastung in horizontaler Richtung der Fall ist.
Stichmessungen am Maschinentisch haben gezeigt, daß die dort auftretenden Verformungen gegenüber den an den übrigen Elementen festgestellten sehr gering sind. Die entsprechenden Steifigkeiten liegen im allgemeinen in der Größenordnung von etwa 1000 kp/µm, so daß der Verformungsanteil des Tisches bei der im folgenden beschriebenen Kraftflußanalyse unberücksichtigt bleiben kann.

3.3 Kraftflußanalyse

Das wichtigste Ziel von statischen Untersuchungen an einer Werkzeugmaschine besteht darin, die Elemente festzustellen, die einen wesentlichen Einfluß auf die Gesamtverlagerung an der Schnittstelle haben. Diese Schwachstellen lassen sich durch eine Kraftflußanalyse ermitteln.
Bei einer Portalfräsmaschine wirkt die an der Spindelnase angreifende Schnittkraft auf Spindellagerung, Pinole, Antrieb, Support und Querbalken, teilt sich auf beide Ständer auf und geht von dort ins Fundament bzw. teilweise ins Maschinenbett, wenn Bett und Ständer miteinander verbunden sind. Die Reaktionskraft wirkt auf das Werkstück und den Tisch. Von dort aus geht sie über den Tischantrieb bzw. Führungsbahnen in das Bett und ebenfalls in das Maschinenfundament. Es liegt also ein offener Kraftfluß vor, da die Kraft in das Fundament eingeleitet wird und dieses einen wesentlichen Anteil der Versteifung der Maschine übernimmt. Dies unterstreicht nochmals die Bedeutung des Fundamentes bei Schwerwerkzeugmaschinen.
Zur Aufstellung der Kraftanalyse werden die durch eine Kraft an der Spindel verursachten räumlichen Verlagerungen der gesamten Maschine in verschiedenen Stellungen von Querbalken und Pinole ermittelt und anschließend die Verformungsanteile der Einzelelemente, die in der Gesamtverformung an der Schnittstelle enthalten sind, bestimmt. Dies geschieht z. B. für den Ständer in der Weise, daß nacheinander die Verformungsanteile, die durch ein Kippen des Ständers um seinen Fußpunkt sowie durch die Ständerbiegung verursacht werden, zeichnerisch auf die Bearbeitungsstelle projiziert werden. Dabei sind

alle anderen Elemente als starr zu betrachten. In ähnlicher Weise wird jeweils für die anderen Elemente verfahren.

Das Ergebnis einer solchen Analyse ist in Abb. 12 wiedergegeben. Um einen möglichst großen Arbeitsbereich der Maschine zu erfassen, wurde die Untersuchung in den folgenden Stellungen durchgeführt:

Querbalken 3800 mm über Tischniveau	Pinole ein	($Q_{3,8e}$)
	Pinole aus	($Q_{3,8a}$)
Querbalken 1150 mm über Tischniveau	Pinole ein	($Q_{1,1e}$)
	Pinole aus	($Q_{1,1a}$)

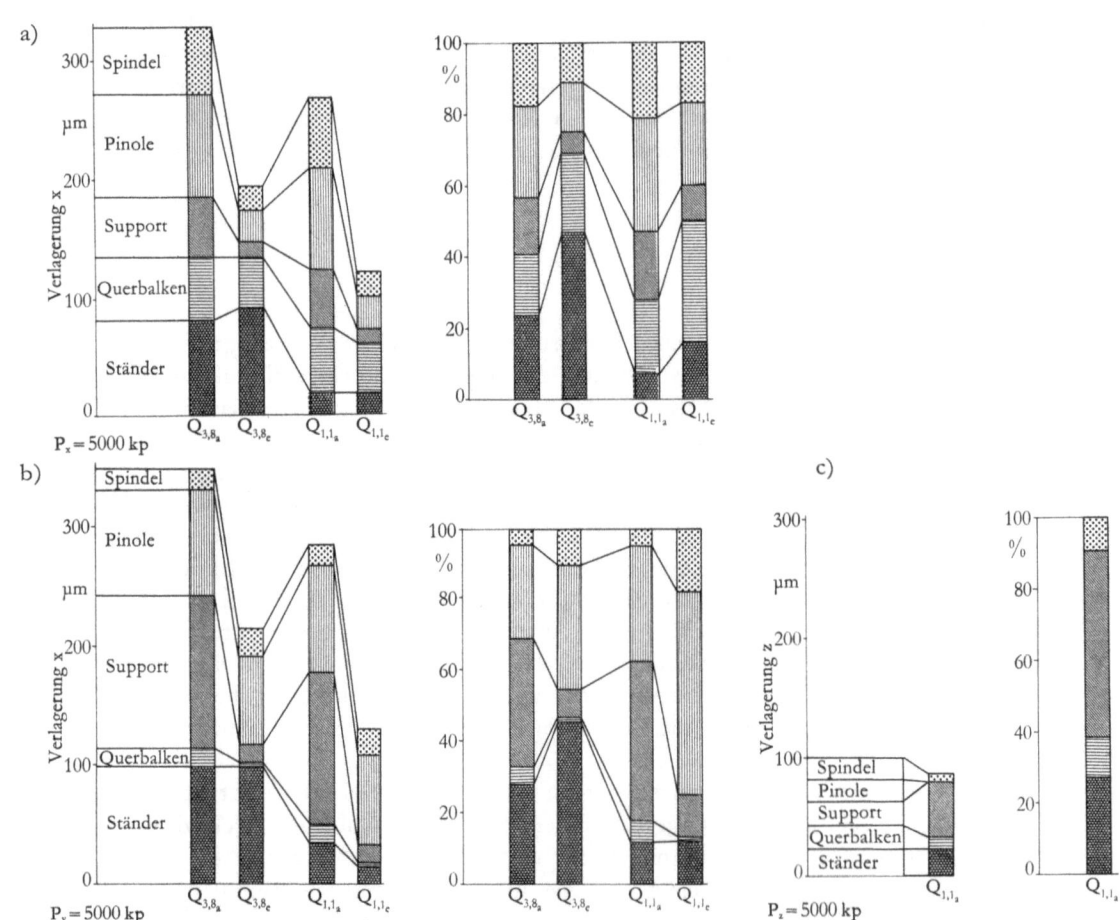

Abb. 12 a, b, c,: Kraftflußanalyse. Verlagerungen bezogen auf die Spindelnase. Belastung an der Spindelnase, Querbalkenhöhe 3800 bzw. 1150 mm über Tischniveau, Pinole ein bzw. aus.

Zur besseren Übersichtlichkeit sind sowohl die absoluten als auch die prozentualen Verlagerungsanteile von Spindel, Pinole, Support, Querbalken und Ständer in Form eines Säulendiagramms aufgetragen. Bemerkenswert ist der starke Unterschied zwischen den Verlagerungen bei ein- und ausgefahrener Pinole. Er ist vor allem auf die unterschiedliche Länge des Hebelarmes zurückzuführen, an dem die Belastung relativ zum Support angreift.

Der prozentuale Anteil der Ständerverformung an der Gesamtverlagerung in x-Richtung beträgt in der Stellung $Q_{3,8a}$ 24% und in der Stellung $Q_{3,8e}$ 47%. Der durch ein Kippen des Ständers um seine Aufspannung verursachte Anteil, der hierin enthalten ist, beläuft sich auf 14 bzw. 26%. In beiden Fällen beträgt das Verhältnis Kippen:Biegen:Torsion ca. 14:9:1. Der Verlagerungsanteil von Spindel und Pinole bei Belastung in x-Richtung liegt mit Ausnahme der Stellung $Q_{3,8e}$ über 40%.

Bei der Belastung in y-Richtung liegt ein komplizierterer Verformungsmechanismus vor, da sowohl beim Querbalken wie auch beim Ständer zu den Belastungen auf Biegung und Torsion noch Einspannmomente an den Verbindungsstellen eine Rolle spielen, die durch die Einspannung der Verbindungsstellen: Support–Querbalken und Querbalken–Ständer verursacht werden.

Die Verformungsanteile des Ständers in y-Richtung sind bei entsprechenden Stellungen von Pinole und Querbalken vergleichbar mit denen in x-Richtung. Sie betragen maximal ca. 50%. Dagegen ist der Verformungsanteil des Querbalkens mit maximal 6% relativ klein. Auffallend ist der große Verformungsanteil der Pinole von fast 60% in eingefahrener Stellung ($Q_{1,1e}$).

Die Kraftflußanalyse für eine Belastung in z-Richtung wurde nur für eine Stellung von Querbalken und Pinole durchgeführt, da eine Änderung der Pinolenauskragung nicht die Wirkungslinie der Kraft verändert.

Der Verformungsanteil des Ständers beruht vorwiegend auf einer Biegung in x-Richtung. Der Verformungsanteil des Supportes ist im wesentlichen wie bei der Belastung in y-Richtung auf ein Nachgeben der Klemmung zurückzuführen. Die Pinole zeigt keine meßbare relative Verlagerung zum Support.

4. Hydraulischer Wechselkrafterreger zur dynamischen Untersuchung von Werkzeugmaschinen

Die Durchführung von dynamischen Untersuchungen an Schwerwerkzeugmaschinen wird dadurch erschwert, daß keine geeigneten Schwingungserreger für diese Versuche auf dem Markt erhältlich sind. Die handelsüblichen elektrodynamischen Schwingungserreger, die zur Untersuchung von Werkzeugmaschinen geeignet sind, geben lediglich Wechselkräfte mit einer Amplitude von etwa 20 kp ab. Wegen der hohen Steifigkeit der betrachteten Maschinen reichen diese Kräfte jedoch nicht zur Anregung von einwandfrei meßbaren Schwingungsamplituden aus. Unwuchterreger, die eine mit dem Quadrat der Frequenz ansteigende Kraftamplitude abgeben, wie auch die mechanischen Federkrafterreger sind nur für niedrige Frequenzen einsetzbar. Weitere Nachteile dieser beiden Ausführungen sind ihre großen Abmessungen und ihr hohes Gewicht, das unter Umständen das dynamische Verhalten der Maschinen während der Messungen beeinflussen kann. Zudem ist bei allen genannten Erregern die Aufbringung einer statischen Vorlast, wie sie während der Zerspanung auf Grund der statischen Schnittkraft vorhanden ist, nicht möglich.

Ein Erreger, der der Anforderung für die dynamische Untersuchung von Schwerwerkzeugmaschinen, wie

    große Wechselkraftamplitude,
    ausreichender Frequenzbereich,
    geringe Abmessungen,
    Möglichkeit zur Aufbringung einer statischen Vorlast,

genügt, kann auf der Basis des elektro-hydraulischen Prinzips ausgeführt werden.

4.1 Aufbau und Wirkungsweise des Erregers

Ein elektro-hydraulischer Erreger besteht im Prinzip aus einem in einem Gehäuse geführten Arbeitskolben, welcher mit Drucköl beaufschlagt wird. Aus dem Produkt Versorgungsdruck × Kolbenfläche ergibt sich bei entsprechender Einspannung des Erregers die erzeugte Kraft. Je nach Steuerung des Drucköls kann einmal der Arbeitskolben einseitig und zum anderen wechselseitig beaufschlagt werden. Entsprechend wird dabei eine statische bzw. dynamische Kraft erzeugt.

Der Aufbau der Erregeranlage mit den zu seinem Einsatz notwendigen Bauelementen ist in Abb. 13 dargestellt. Mit Hilfe eines Sinusgenerators wird eine in der Frequenz veränderliche Wechselspannung erzeugt und über einen Regler dem Servo-Ventil zugeführt. Das von einem Hydraulikaggregat gelieferte Druck-

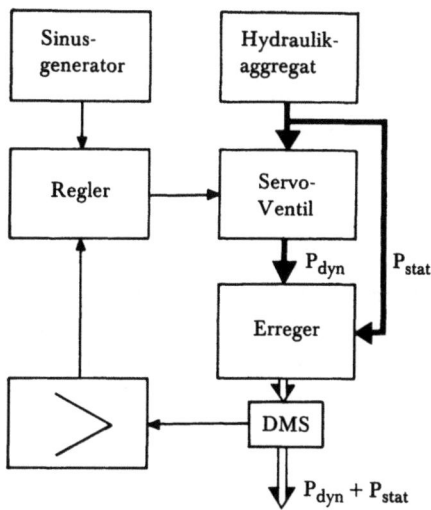

Abb. 13   Blockschaltbild der Erregeranlage

Öl wird entsprechend der Bewegung des Steuerkolbens im Servo-Ventil abwechselnd auf beide Seiten des Erregerkolbens geleitet und erzeugt so die gewünschte Wechselkraft. Parallel dazu kann unter Umgehung des Steuerventils mit Hilfe eines konstanten Öldruckes eine statische Vorlast erzeugt werden. Am Ausgang des Erregers wird – im vorliegenden Falle über Dehnungsmeßstreifen – die erzeugte Kraft direkt gemessen, wobei der Meßwert verstärkt einem Regler zugeführt wird. Dieser ändert dann die Größe des Eingangssignals für das Servo-Ventil so, daß am Ausgang des Erregers eine konstante Kraft entsteht.

Die Abb. 14 zeigt Photo und Schnittbild eines Erregers für Wechselkräfte bis zu 1000 kp mit dem Servo-Ventil. Der in der Schnittzeichnung mit »dynamischer Teil« bezeichnete Teil dient zur Erzeugung der dynamischen Kräfte. Daran angeschlossen ist der »statische Teil« zur Einstellung einer konstanten Vorlast.

In dem Erregergehäuse, das aus einem Mittelstück und zwei daran befestigten Seitenteilen besteht, wird der Erregerkolben in Büchsen geführt. Die in das Mittelstück eingepaßte Büchse hat dabei gleichzeitig die Aufgabe, das Drucköl, welches über das Steuerventil dem Erreger zugeführt wird, über zwei Ringnuten und jeweils vier radial verlaufende Bohrungen in den Zylinderraum des »dynamischen Teils« zu leiten. Durch die um jeweils 90° versetzten Bohrungen wird eine gleichmäßige Beaufschlagung des Erregerkolbens gewährleistet. Der Erregerkolben ist auf der einen Seite aus dem Gehäuse herausgeführt, um die Befestigung eines Kraftübertragungsgliedes zu ermöglichen. Auf der anderen Seite ragt er in den »statischen Teil« hinein, wo er mit Hilfe von Tellerfederpaketen beidseitig gegenüber dem Gehäuse abgestützt und somit in Mittelstellung gehalten wird. Über einen parallel zum Servo-Ventil liegenden Hydraulikschluß kann der Zylinderraum mit Drucköl gefüllt werden.

Als Übertragungsglied der erzeugten statischen und dynamischen Kräfte dient eine Kupplung mit angeschweißtem Rüssel, welcher gleichzeitig zur Kraftmessung verwendet wird. Dazu sind Dehnungsmeßstreifen in Vollbrückenschaltung aufgeklebt, welche nach Verstärkung über eine Trägerfrequenzmeßbrücke einen der abgegebenen Kraft direkt proportionalen Meßwert liefern.

Für die Fälle, in denen es weniger auf sehr große Kraftamplituden als vielmehr auf möglichst geringe Abmessungen ankommt, wurde ein weiterer Erreger gebaut. Er hat in Längsrichtung eine maximale Abmessung von 80 mm, wobei mit ihm Wechselkräfte bis zu $P_{dyn} = 150$ kp erzeugt werden können. Daneben ist die Möglichkeit einer statischen Vorspannung bis zu $P_{stat} = 300$ kp gegeben. In Abb. 15 ist dieser Erreger wiedergegeben. Der prinzipielle Aufbau entspricht dem in Abb. 14 wiedergegebenen Erreger. Zur Erzielung einer geringen Baugröße wurde lediglich auf den Einbau der Tellerfedern verzichtet. Da der Erreger

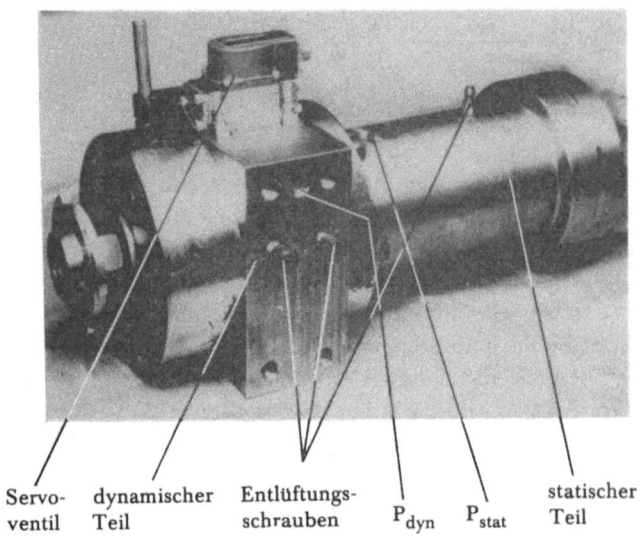

Servo-   dynamischer   Entlüftungs-   statischer
ventil   Teil   schrauben P_{dyn} P_{stat} Teil

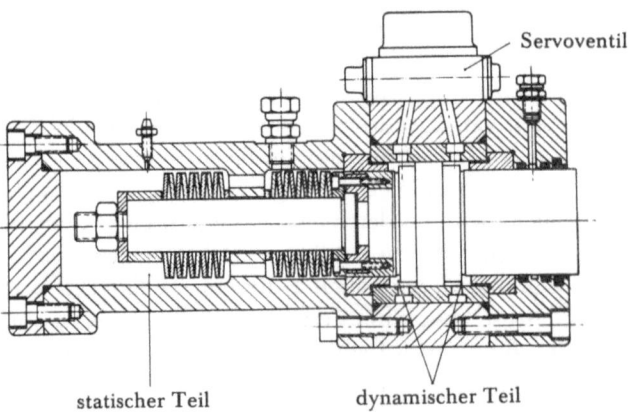

Abb. 14   Elektro-hydraulischer Erreger für Wechselkräfte bis zu 1000 kp

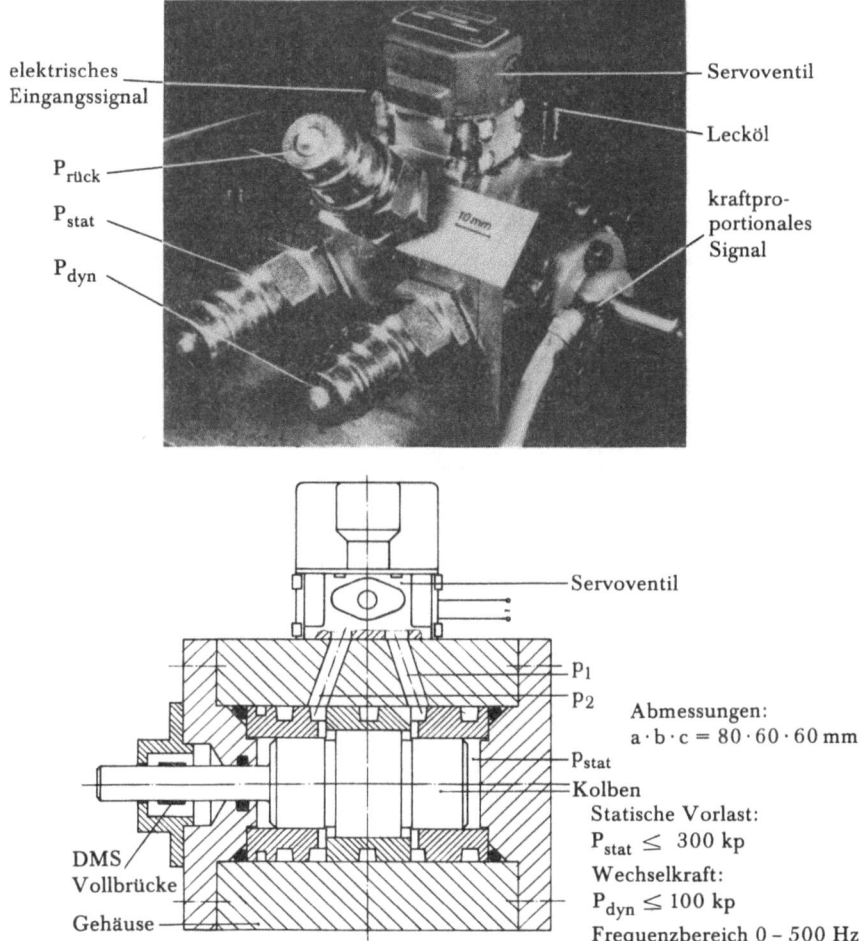

Abb. 15 Elektro-hydraulischer Erreger für Wechselkräfte bis zu 150 kp

speziell für die Relativerregung zwischen verschiedenen Bauteilen bestimmt ist, braucht der Kolben in diesem Fall nicht mechanisch in seiner Mittelstellung gehalten zu werden.

Ein wesentlicher Bestandteil der elektro-hydraulischen Erreger ist das zur Kraftsteuerung eingesetzte Servo-Ventil. Abb. 16 zeigt den prinzipiellen Aufbau eines derartigen Steuerventils. Es besteht aus einem polarisierten Drehmagneten und zwei hydraulischen Verstärkerstufen. Eine metallische Steuer-Zunge, die über eine Rohrfeder mit dem Gehäuse verbunden ist, wird durch das Magnetfeld der Steuerspule ausgelenkt und bewegt gleichzeitig die Steuerfahne an der Differentialdüse. In Mittelstellung ist der Druckabfall an den beiden festen Drosselstellen sowie an den Steuerdüsen gleich groß. Entsprechend wird der Steuerkolben an seinen Außenflächen mit gleichem Druck beaufschlagt und bleibt in seiner Mittellage.

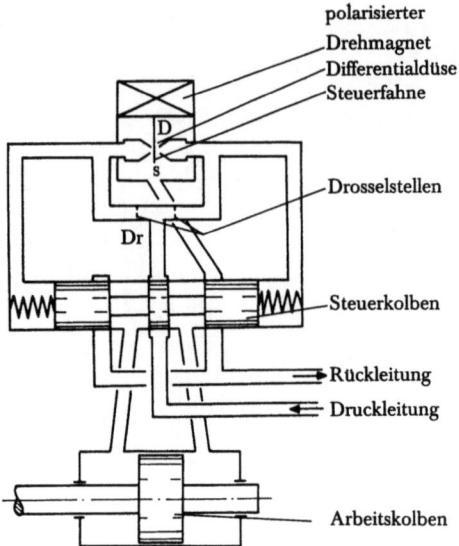

Abb. 16 Prinzipskizze eines Servoventils

Mit Hilfe eines elektrischen Eingangssignals wird die Steuerzunge aus ihrer Mittellage ausgelenkt. Hierdurch baut sich infolge des sich an der Differentialdüse einstellenden unterschiedlichen hydraulischen Widerstandes ein Druckunterschied auf. Als Folge dieser an den Außenflächen des Steuerkolbens wirkenden Druckdifferenz ergibt sich eine Verlagerung des Steuerkolbens. Hierdurch öffnen sich die Steuerkanten, so daß eine Seite des Arbeitskolbens mit Drucköl beaufschlagt wird, während der gegenüberliegende Teil des Zylinders mit der Rückleitung verbunden ist.

Bei einem sinusförmigen Eingangssignal bewegt sich der Steuerkolben ebenfalls etwa sinusförmig mit der gewählten Frequenz hin und her. Durch Öffnen bzw. Schließen der Steuerkanten wird der Arbeitskolben im Erreger wechselseitig beaufschlagt und somit entsprechend der wirksamen Kolbenfläche eine Wechselkraft erzeugt.

4.2 Arbeitsbereich des Erregers

Neben den Forderungen nach geringer Baugröße und hoher Kraftamplitude ist das Frequenzverhalten ein wesentliches Kriterium für die Einsatzmöglichkeit eines Wechselkrafterregers. Während bei gleicher Baugröße der elektrohydraulische Erreger dem elektro-dynamischen im Hinblick auf die Krafterzeugung um mehrere Größenordnungen überlegen ist, ist naturgemäß die Frequenzabhängigkeit der Erregerkraft beim elektro-hydraulischen Erreger wesentlich stärker als beim elektro-dynamischen.

Das Frequenzverhalten des Erregers wird durch den Eingangsstrom für das Servo-Ventil und den Versorgungsdruck beeinflußt. Die Auswirkung dieser

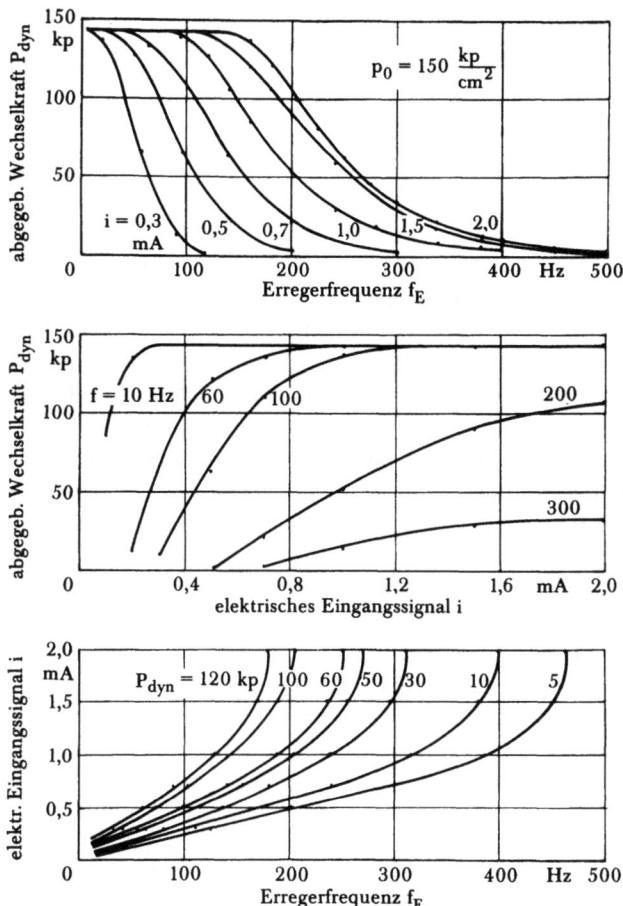

Abb. 17 Abhängigkeiten der Ein- und Ausgangsgrößen eines elektro-hydraulischen Erregers

Größen auf die abgegebene Wechselkraft wurde experimentell ermittelt. In Abb. 17 sind für einen konstanten Versorgungsdruck von 150 kp cm^{-2} und eine Steifigkeit des erregten Systems von $c_{stat} = 40$ kp μm^{-1} die wesentlichsten der dabei festgestellten Abhängigkeiten wiedergegeben. Sie gelten für den in Abb. 15 gezeigten Erreger.

Die Kraft fällt in Abhängigkeit von der Frequenz für konstanten Versorgungsdruck beim elektrischen Eingangssignal als Parameter mit steigender Frequenz ab. Dieser Abfall ist vor allem auf die Eigenschaften der verwendeten Servo-Ventile zurückzuführen.

Trägt man die Wechselkraft als Funktion des Eingangssignals auf, so ergibt sich für gleichbleibenden Versorgungsdruck mit größer werdendem Eingangsstrom eine Zunahme der Kraft, die sich von einer bestimmten Stromstärke ab einem Maximalwert nähert. Eine Vergrößerung des elektrischen Eingangssignals hat dann keine weitere Erhöhung der Wechselkraft zur Folge, so daß hier eine Vergrößerung der abgegebenen Kraft nur noch durch höheren Versorgungsdruck zu erreichen ist. Mit steigender Frequenz verschieben sich die Maximalwerte zu niedrigeren Kräften.

Da es für Schwingungsuntersuchungen an Werkzeugmaschinen sinnvoll ist, die abgegebene Wechselkraft über dem Frequenzbereich konstant zu halten, muß mit zunehmender Frequenz bei einem bestimmten Versorgungsdruck die Stromstärke verändert werden. Über dem gesamten Frequenzbereich ergibt sich – bei verschiedenen Wechselkräften als Parameter – für das elektrische Eingangssignal ein progressiver Verlauf der Kurven, welche sich jeweils einer unter den gegebenen Bedingungen maximal erreichbaren Grenzfrequenz nähern.

Ausgehend von den gefundenen Abhängigkeiten wurde ein Regler entwickelt, der über den Eingangsstrom für das Servo-Ventil die Wechselkraftamplitude konstant hält. Abb. 18 zeigt den prinzipiellen Aufbau des Reglers, der in der Gerätekette zwischen Generator und Servo-Ventil liegt.

Die von den zur Kraftmessung benutzten Dehnungsmeßstreifen in Verbindung mit einer Trägerfrequenzmeßbrücke abgegebene elektrische Spannung wird gleichgerichtet und geglättet. Die Steuerung des Ausgangssignals innerhalb des Regelkreises geschieht photo-elektrisch mit Hilfe eines Raysistors. Das gleichgerichtete und verstärkte Signal speist im Raysistor eine Glühlampe. Proportional zu ihrer Beleuchtungsstärke ändert sich ein Photowiderstand und steuert damit die von einem Sinus-Generator zugeführte Spannung. Dem Ausgangssignal des Reglers kann ein Gleichspannungsanteil überlagert werden, um eine Einstellung des Nullpunktes bei eventueller Auslenkung des Steuerkolbens zu ermöglichen.

Zur anschaulichen Darstellung des Bereiches, in dem der Einsatz der elektrohydraulischen Erreger möglich ist, ist in Abb. 19 der experimentell ermittelte Zusammenhang zwischen Erregerfrequenz, Versorgungsdruck und Kraftamplitude bei maximalem Eingangsstrom wiedergegeben. Die Schaubilder gelten für eine Steifigkeit des erregten Systems von 40 kp/μm. Man erkennt, daß der kleinere Erreger zwar geringere Kräfte abgibt, dafür aber noch bei Frequenzen von etwa 500 Hz einzusetzen ist.

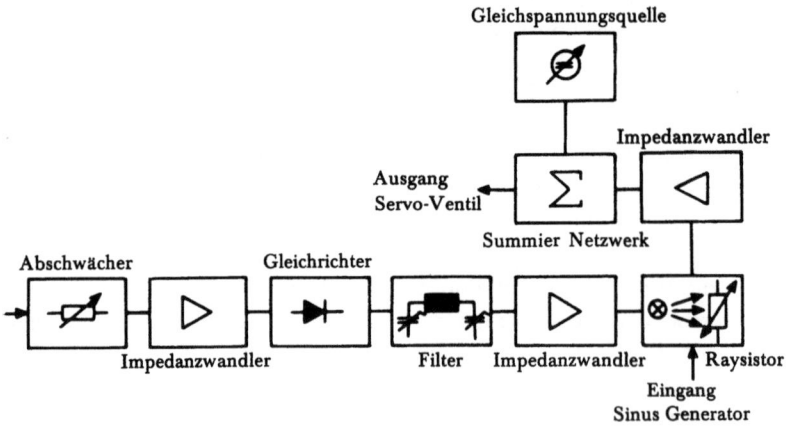

Abb. 18 Raysistor-Regelung zur Konstanthaltung der Erregerkraft

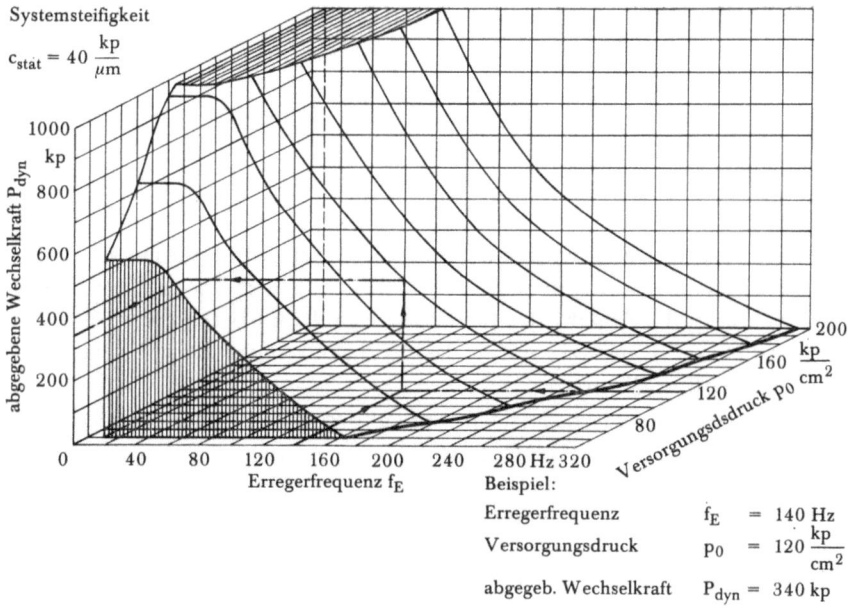

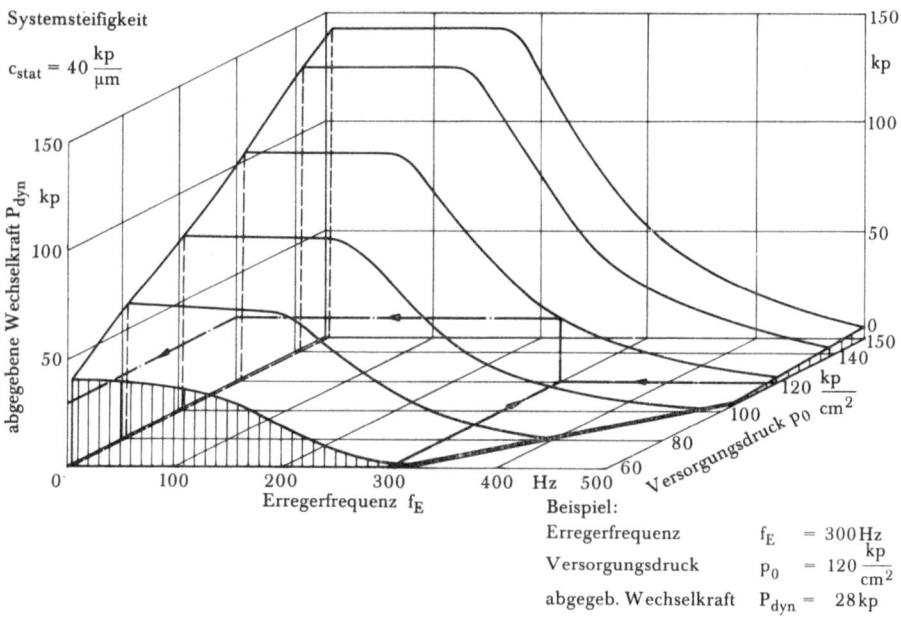

Abb. 19   Arbeitsbereich von zwei elektro-hydraulischen Erregern

5. Dynamisches Verhalten von Schwerwerkzeugmaschinen

Die Werkzeugmaschine wird während der Bearbeitung durch statische und dynamische Kräfte beansprucht. Während sich das statische Verhalten einer Maschine durch die Angabe der Steifigkeit c eindeutig beschreiben läßt, bereitet die Angabe von Kennwerten für das Verhalten unter dynamischen Kräften erhebliche Schwierigkeiten.

Man unterscheidet zwischen freien, erzwungenen und selbsterregten Schwingungen. Freie und fremderregte oder erzwungene Schwingungen können meistens durch Isolierung und Beseitigung oder Verlegung der Störquelle bzw. durch Anbringen von Hilfsmassensystemen beherrscht werden. Eine Ausnahme bilden die Schwingungen, die durch unterbrochenen Schnitt, z. B. durch die Messereingriffsfrequenzen beim Fräsen, verursacht sind. Diese liegen beim Fräsen von Stahl und Grauguß mit Messerköpfen zwischen 6 und 70 Hz. Sie sind besonders dann nachteilig, wenn sie in der Nähe der Eigenfrequenz von Bauteilen liegen. Diese Frequenzbereiche können in gewisser Weise vom Konstrukteur beeinflußt oder müssen durch geeignete Wahl der Schnittbedingungen bzw. Messerzahlen gemieden werden.

Selbsterregte Schwingungen, meist mit Rattern bezeichnet, beziehen die zu ihrer Erhaltung nötige Energie aus dem Zerspanungsvorgang und sind besonders unangenehm, da sie ohne erkennbare Ursachen plötzlich auftreten können. Die Ratterneigung einer Maschine hängt direkt von ihrer dynamischen Steifigkeit ab, so daß auch von diesem Gesichtspunkt aus die Untersuchung der dynamischen Eigenschaften von Bedeutung ist. Im folgenden soll das Schwingungsverhalten von Schwerwerkzeugmaschinen am Beispiel der Portalfräsmaschine diskutiert werden.

5.1 Meßtechnische Erfassung des dynamischen Verhaltens

Eine Werkzeugmaschine besteht aus einer Vielzahl von schwingungsfähigen Teilsystemen, die miteinander über Flansche und Führungen verbunden sind. In den dynamischen Untersuchungen soll durch die Erregung mit einer periodischen Wechselkraft festgestellt werden, wo wesentliche Resonanzfrequenzen dieses Verbandes vorliegen. Durch die Bestimmung der entsprechenden Schwingungsformen können außerdem die Elemente ermittelt werden, die sich bei der Schwingung am stärksten verformen und somit als dynamische Schwachstellen anzusprechen sind.

Die verwendete Meßgerätekette besteht aus:

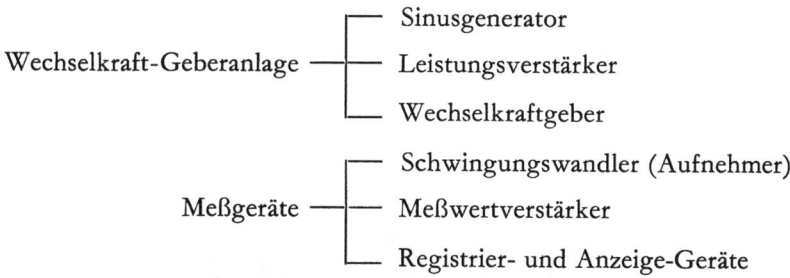

Als Wechselkraftgeber kamen im vorliegenden Fall die in Abschnitt 4 beschriebenen elektro-hydraulischen Erreger zur Anwendung. Bei der Untersuchung der verschiedenen Maschinenelemente, wie Portal, Querbalken, Support etc., wurde der Erreger an eine große Masse angekoppelt und mit dieser zusammen in einen Kran gehängt. Die Masse stellt dann ein Pendel mit einer Eigenfrequenz von etwa 1 Hz dar. Sie bleibt bei der Erregung mit den für die Untersuchungen in Frage kommenden Frequenzen auf Grund ihrer Massenträgheit praktisch in Ruhe und kann somit die vom Wechselkraftgeber ausgeübten Kräfte aufnehmen.

Für die Messung der angeregten Maschinenschwingungen eignen sich vor allem seismische Weg-, Geschwindigkeits- und Beschleunigungsaufnehmer, mit denen auch die Bestimmung der Schwingungsformen erfolgen kann. Zu diesem Zweck wird die Maschine in der interessierenden Eigenfrequenz erregt und die Schwingungsamplitude an verschiedenen Punkten gemessen. Wenn außerdem für die einzelnen Meßpunkte die Phasenlage zwischen Kraft und Weg bekannt ist, die sich auf einfache Weise mit Hilfe eines Kathodenstrahloszilloskopen ermitteln läßt, kann die Schwingungsform gezeichnet werden.

5.2 Dynamisches Verhalten der Einzelelemente

Beim Fräsen dürfen die im Kraftfluß liegenden Elemente durch die periodischen Schnittkräfte nicht in ihrer Eigenfrequenz erregt werden, da dies zu unzulässig großen Schwingungsamplituden führt. Daher hat das dynamische Verhalten von Portal, Querbalken und Supporten den größten Einfluß auf die Arbeitsgenauigkeit einer Portalfräsmaschine.

In Abb. 20 sind die Resonanzkurven des Portals bei einer Erregung in x-Richtung in Traversenmitte und Absolutmessung der Schwingwegamplitude am Kraftangriffspunkt für die oberste und unterste Querbalkenstellung wiedergegeben. Die Supporte befanden sich dabei jeweils am Querbalkenende.

Unter den beschriebenen Bedingungen tritt eine ausgeprägte Portaleigenschwingung auf, deren Eigenfrequenz für die untere Querbalkenstellung bei 11,3 Hz liegt. Diese verschiebt sich auf ca. 9 Hz, wenn der Querbalken in seine obere Endstellung verfahren wird. Die maximale Amplitude steigt dabei von 55 μm/100 kp bei 11,3 Hz auf 70 μm/100 kp bei 9 Hz.

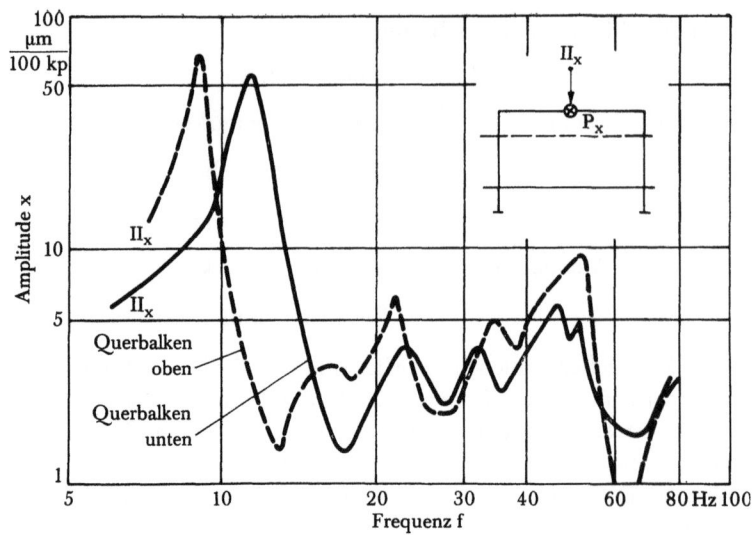

Abb. 20   Resonanzkurven des Portals einer Langfräsmaschine bei Erregung in Traversenmitte (x-Richtung)

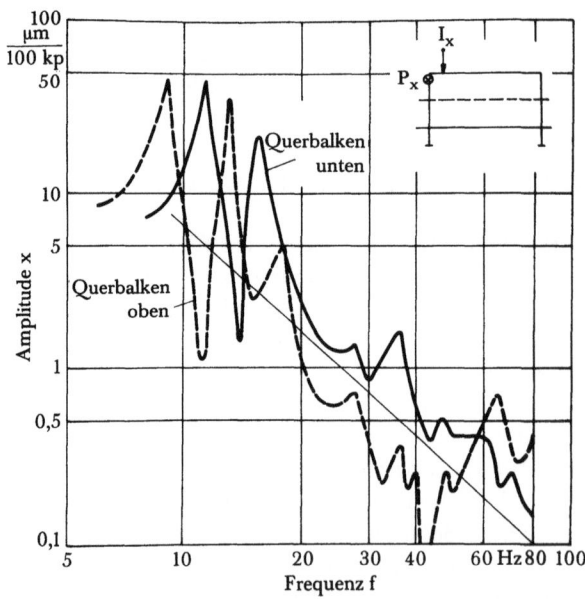

Abb. 21   Resonanzkurven des Portals einer Langfräsmaschine bei Erregung am linken Ständer (x-Richtung)

Die beiden Ständer schwingen mit gleicher Phase und annähernd gleichen Amplituden. Es handelt sich um eine symmetrische Schwingungsform, d. h. die Amplituden beider Ständer sind gleich groß und gleichgerichtet.

Wird das Portal in x-Richtung am linken Ständer erregt, so ergibt sich unter gleichen Versuchsbedingungen die in Abb. 21 gezeigte Resonanzkurve. Neben der bereits beschriebenen symmetrischen Portaleigenschwingung mit einer Frequenz von 9 bzw. 11,3 Hz je nach Stellung des Querbalkens tritt eine antimetrische Eigenschwingung mit 13 bzw. 15,6 Hz auf, bei der beide Ständer in entgegengesetzter Richtung schwingen. In das Bild sind die am Kraftangriffspunkt in Richtung der Erregerkraft gemessenen Schwingungsamplituden eingetragen. Die Amplituden der symmetrischen Eigenschwingung haben hier bei oberer und unterer Querbalkenstellung etwa den gleichen Betrag. Dagegen zeigt die antimetrische Schwingung einen Amplitudenunterschied von ca. 40%.

In Abb. 22 sind die symmetrische und die antimetrische Schwingungsform bei Erregung mit 9 bwz. 13 Hz bei oberer Querbalkenstellung schematisch dargestellt. Es ist zu erkennen, daß bei der antimetrischen Schwingungsform der Schwingungsknoten etwa in Traversenmitte liegt. Aus diesem Grunde konnte auch diese Schwingungsform bei Erregung in Traversenmitte nicht angeregt werden.

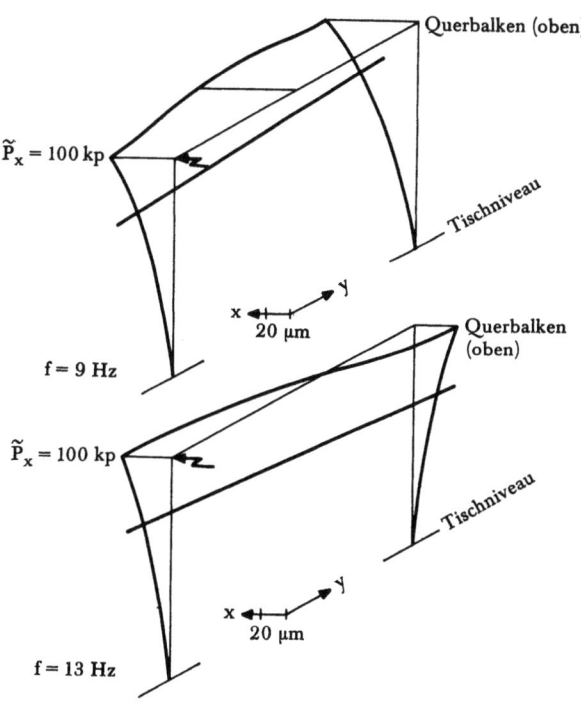

Abb. 22   Schwingungsformen des Portals bei Erregung in x-Richtung

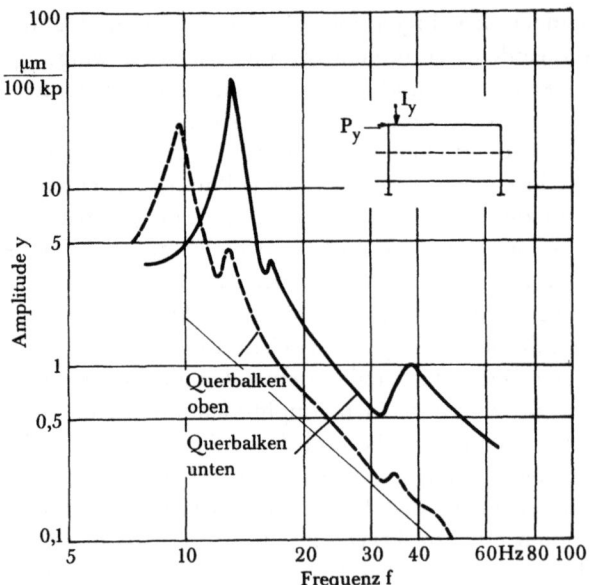

Abb. 23 Resonanzkurven des Portals einer Langfräsmaschine bei Erregung am linken Ständer (y-Richtung)

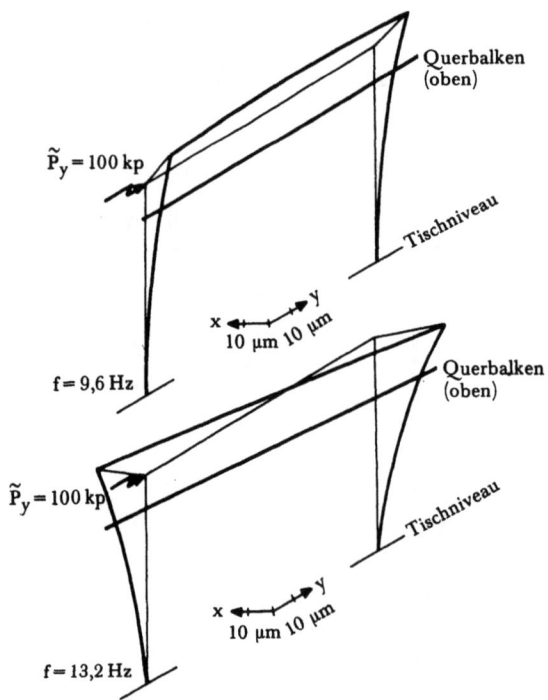

Abb. 24 Schwingungsformen des Portals bei Erregung in y-Richtung

Die Abb. 23 zeigt die am linken Ständer in y-Richtung gemessenen Resonanzkurven bei oberer und unterer Querbalkenstellung. Abb. 24 veranschaulicht die im vorliegenden Belastungsfall angeregten Schwingungsformen des Portals bei obenstehendem Querbalken. Die mit $f = 13{,}2$ Hz ermittelte Eigenschwingung ist identisch mit der bereits in x-Richtung bei gleicher Frequenz gemessenen antimetrischen Portalschwingung.

Ein Vergleich der an vier verschiedenen Maschinen erhaltenen Versuchsergebnisse zeigte eine sehr gute Übereinstimmung der Resonanzamplituden und -frequenzen für gleiche Versuchsbedingungen. Alle Portaleigenfrequenzen lagen in einem Bereich von 9 bis 15 Hz und entsprachen den hier diskutierten Schwingungsformen, so daß die wiedergegebenen Ergebnisse als typisch für die untersuchte Maschinenart anzusehen sind.

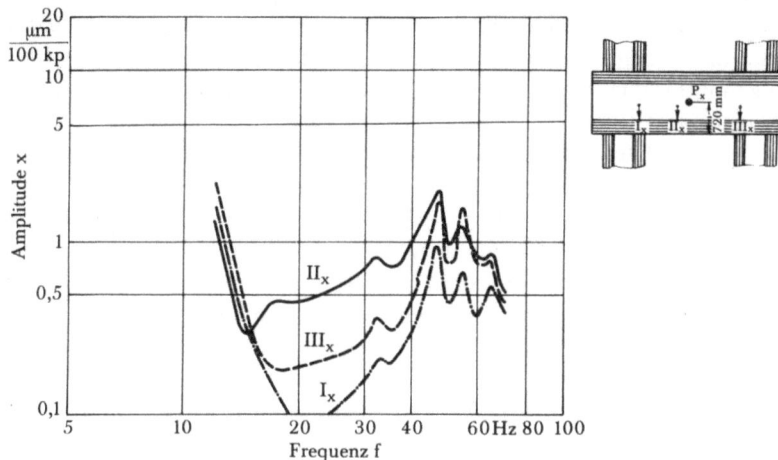

Abb. 25 Resonanzkurven des Querbalkens bei Erregung in x-Richtung

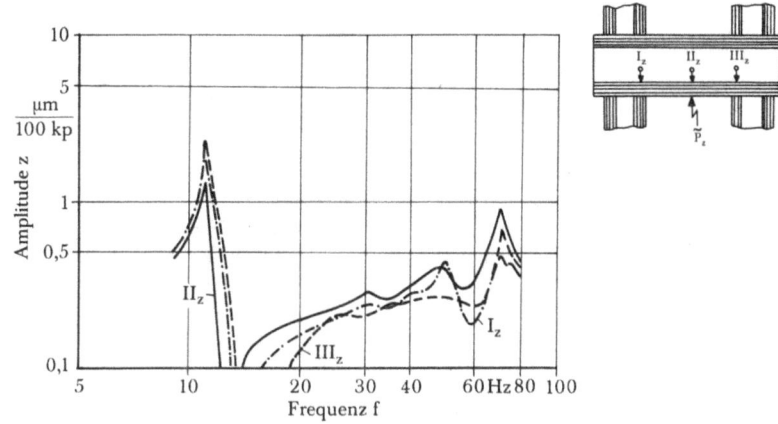

Abb. 26 Resonanzkurven des Querbalkens bei Erregung in z-Richtung

Bei der Untersuchung des Querbalkens zeigt sich, daß hier vor allem Biegeschwingungen von Bedeutung sind. Abb. 25 gibt den Verlauf der an der unteren Führungsbahn an verschiedenen Punkten gemessenen Schwingwegamplituden bei einer Erregung in x-Richtung wieder. Hierbei waren die Supporte in ihrer äußeren Endstellung. Die unterhalb von 15 Hz liegende Resonanz läßt sich, wie aus den vorigen Versuchen zu ersehen ist, einer Portaleigenschwingung zuordnen. Die Eigenschwingung des Querbalkens hat eine Frequenz von 46 Hz mit einer Schwingwegamplitude von 2 µm/100 kp in Querbalkenmitte an der unteren Führungsbahn. Weitere Resonanzen liegen bei 55 Hz und 65 Hz. Werden die Supporte von außen zur Querbalkenmitte hin verfahren, so verschieben sich die Eigenschwingungen auf 42 und 33 Hz.

Die Abb. 26 zeigt für eine Erregung in z-Richtung die an der unteren Führungsbahn in Kraftrichtung gemessenen Schwingungsamplituden in Abhängigkeit von der Erregerfrequenz bei außenstehenden Supporten. Die Biegeeigenschwingung des Querbalkens liegt bei 70 Hz mit einer Amplitude von etwa 1 µm/100 kp in Querbalkenmitte. Die Eigenfrequenzen unter 15 Hz sind den Portaleigenschwingungen zuzuordnen.

Wie aus Abb. 27 hervorgeht, wirken sich die bei der Untersuchung von Portal und Querbalken festgestellten Eigenfrequenzen in starkem Maße auf den Amplitudenverlauf an der Schnittstelle aus. Die wiedergegebenen Kurven wurden bei der Erregung an der 400 mm weit ausgefahrenen Fräspinole in x-Richtung aufgenommen. Es treten im wesentlichen vier Resonanzen mit 11 Hz, 15 Hz, 45 Hz und 68 Hz auf. Unterhalb von 15 Hz liegen wiederum die Portaleigenfrequenzen. Mit 45 Hz wird die Querbalkeneigenschwingung angeregt, die an der Supportspindel zu Resonanzüberhöhungen führt. Bei 68 Hz handelt es sich um eine Torsionsschwingung des Querbalkens, die bei der Erregung in Querbalkenmitte (vgl. Abb. 25) nicht angeregt wurde.

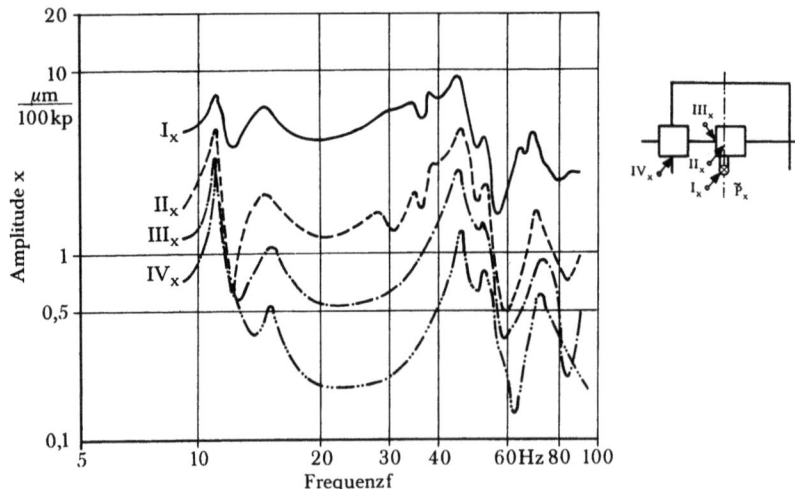

Abb. 27   Resonanzkurven bei Erregung an der Arbeitsspindel eines Querbalkensupports in x-Richtung (Pinole ausgefahren)

Die Resonanzkurven in Abb. 28 zeigen den unterschiedlichen Amplitudenverlauf bei Erregung am Messerkopf in *x*-Richtung bei ein- bzw. 400 mm ausgefahrener Pinole. Die Amplituden wachsen, ausgenommen die Portalschwingung, bei ausgefahrener Pinole an. Die Spindeleigenfrequenz für ausgefahrene Pinole liegt bei 240 Hz, für eingefahrene bei 280 Hz.

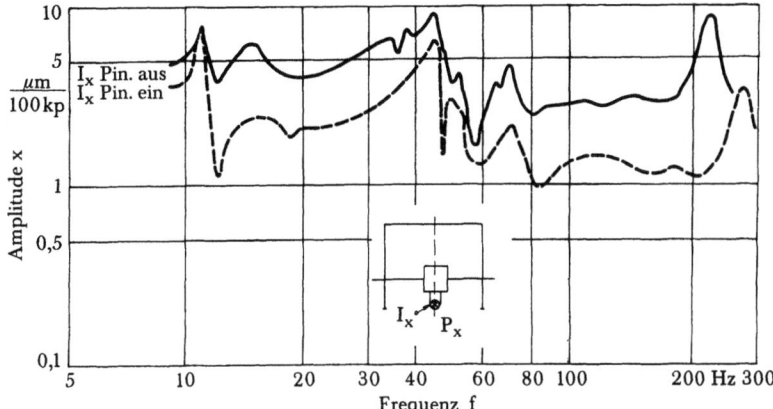

Abb. 28 Einfluß der Pinolenauskragung auf die Größe der Schwingungsamplituden

6. Schwingungen während der Zerspanung

Die bei Erregung an der Spindel gefundenen Resonanzen von vier untersuchten Portalmaschinen der gleichen Größe und Type, die in Abb. 29 zusammengestellt sind, lassen erkennen, daß die Eigenfrequenzen in bestimmten Bereichen auftreten, die voneinander klar abgegrenzt sind. Die dynamischen Untersuchungen der Einzelelemente, bei denen die Resonanzstellen und die entsprechenden Schwingungsformen ermittelt wurden, ermöglichen eine Zuordnung der Resonanzen auf bestimmte Elemente.

Während des Fräsens können diese Eigenfrequenzen durch den periodischen Messereingriff angeregt werden, so daß bei bestimmten Spindeldrehzahlen eine

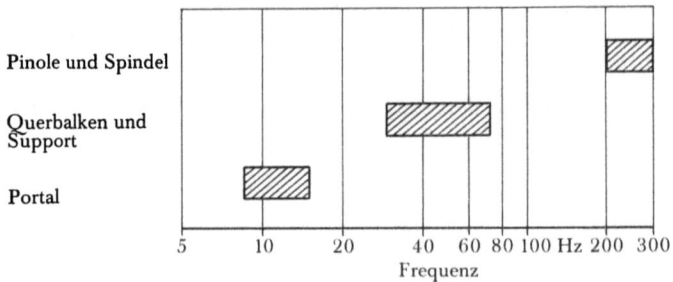

Abb. 29 Typische Resonanzfrequenzen von Portalfräsmaschinen

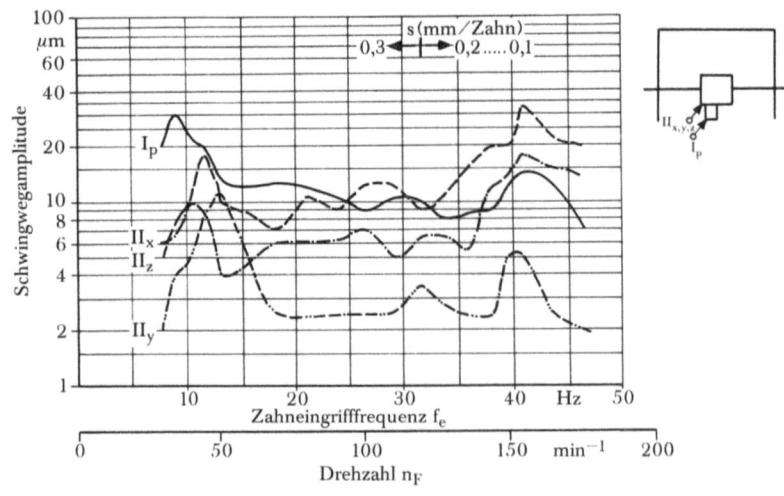

Abb. 30 Schwingungsamplituden beim Fräsen

starke Zunahme der Schwingungsamplituden festzustellen ist. Ein Beispiel hierfür ist in Abb. 30 wiedergegeben. Zur Aufnahme dieses Diagramms wurde bei konstanter Fräsbreite und Spantiefe die Fräserdrehzahl stufenweise geändert und die Schwingungsamplitude in der Nähe der Schnittstelle gemessen. Man erkennt in dem Kurvenverlauf zwei ausgeprägte Resonanzstellen bei einer Zahneingriffsfrequenz von 10 bis 12 Hz und 40 bis 45 Hz. Aus einem Vergleich mit Abb. 29 geht hervor, daß es sich hierbei um die Eigenfrequenzen des Portals und des Querbalkens handelt.

Nach Kenntnis der typischen Eigenfrequenzbereiche ist es im allgemeinen möglich, die Amplituden der durch den Messereingriff erzwungenen Schwingungen durch geeignete Wahl der Spindeldrehzahlen klein zu halten. Daneben können jedoch auch selbsterregte Schwingungen auftreten, die häufig die Ausnutzung der installierten Leistung unmöglich machen. Die Amplituden dieser auch als Rattern bezeichneten Schwingungen sind in manchen Fällen so groß, daß die für die Bearbeitung vorgesehenen Schnittbedingungen nicht einzuhalten sind. Nachdem von der Zerspanungsseite her durch die Weiterentwicklung und Verbesserung der Schneidstoffe eine Voraussetzung für die Erhöhung der Zerspanungsleistung geschaffen wurde, stellen daher die Ratterscheinungen in steigendem Maße eine Einschränkung des Einsatzbereiches moderner Werkzeugmaschinen dar.

Im folgenden sollen zunächst die theoretischen Grundlagen der selbsterregten Schwingungen behandelt und anschließend deren Gültigkeit bei Schwerwerkzeugmaschinen an Hand experimenteller Untersuchungen überprüft werden.

6.1 Theorie der selbsterregten Schwingungen

Von den zahlreichen Arbeiten über selbsterregte Schwingungen an Werkzeugmaschinen, die mit dem Ziel durchgeführt wurden, die Ratterursachen zu erforschen und Methoden für eine Berechnung der Stabilitätsgrenze zu entwickeln, haben diejenigen von GURNEY-TOBIAS [3, 4], von PETERS [5] und die noch weiter entwickelte Methode des Forschungslabors der Cincinnati Milling Machines Inc. [6, 7] besondere Bedeutung erlangt. Die genannten Theorien beziehen sich auf das sogenannte regenerative Rattern, das durch wiederholtes Einschneiden in Rattermarken auf der Werkstückoberfläche verursacht wird. Es sei hier nur die Methode von GURNEY-TOBIAS erläutert, soweit das für die Anwendung auf die untersuchten Maschinen notwendig ist. Bei diesem Verfahren wird die Resonanzcharakteristik der Maschine in Form einer Ortskurve aufgenommen. Die von TLUSTY [8] eingeführten Richtungsfaktoren sind dabei in der Weise berücksichtigt, daß die Maschine an der Schnittstelle, also zwischen Werkstück und Werkzeug, in Richtung der während der Zerspanung wirkenden Schnittkraft mit einer harmonischen Kraft $P_0 \cos \omega t$ erregt wird und die so erzeugten Relativbewegungen senkrecht zur bearbeiteten Oberfläche in der maximalen Kopplungsrichtung gemessen werden. Eine derartige Ortskurve entspricht der Bewegungsgleichung

$$f(\ddot{x}, \dot{x}, x) = P(t)$$

Diese beschreibt das Schwingungssystem der Maschine an der Schnittstelle vollständig. Die harmonische Erregerkraft $P(t)$ wird dem Schnittkraftelement $dP(t)$ gleichgesetzt:

$$dP = z_c \cdot k_1 \cdot \left[x(t) - x\left(t - \frac{T}{z}\right)\right]$$

Hierbei bedeuten:

x = Relativbewegung zwischen Werkstück und Werkzeug,
z = Zahl der Zähne bei mehrschneidigen Werkzeugen,
z_c = Zahl der gleichzeitig im Eingriff befindlichen Zähne,
$k_1 = \dfrac{\partial P}{\partial s}$ = Spandickenkoeffizient $\left[\dfrac{\text{kp}}{\mu\text{m}}\right]$,
T = Umdrehungszeit [s].

An der Stabilitätsgrenze muß eine Schwingung $x(t)$ so groß sein, wie die Schwingung $x(t-T)$ eine Umdrehung vorher. Für das Fräsen gilt entsprechend

$$x(t) = x(t - \frac{T}{z}).$$

Für die in Abb. 31 gezeigte Ortskurve kann dann der kritische Spandickenkoeffizient beim Ratterbeginn z. B. für eine Frequenz bei R nach der Gleichung

$$\frac{z_c k_1}{c} = \frac{OR'}{OR}$$

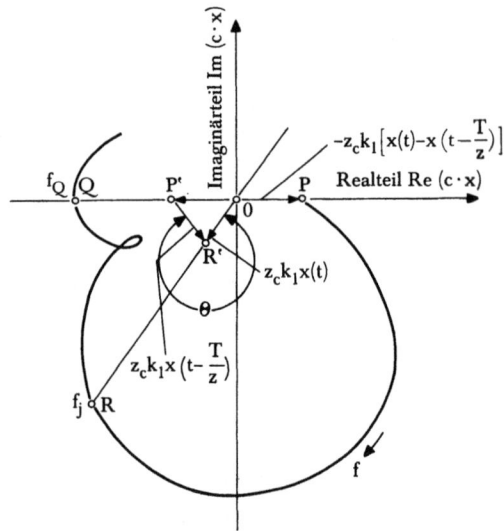

Abb. 31 Graphische Bestimmung der Stabilitätsgrenze aus der Ortskurve [3]

berechnet werden. Dabei ist c die statische Steifigkeit des Systems. Wird dies für eine Reihe von Frequenzen ω durchgeführt, so kann der kritische Wert des Spandickenkoeffizienten $z_c \cdot k_1$ als Funktion von ω gefunden werden.

Da $x(t)$ und $x\left(t - \dfrac{T}{z}\right)$ an der Stabilitätsgrenze harmonische Funktionen sind, liegt zwischen ihnen der Phasenwinkel $\varphi = \omega \dfrac{T}{z}$, der dem in Abb. 31 angegebenen Winkel Θ entspricht. Damit läßt sich für jede Ratterfrequenz ω die Umdrehungszeit T berechnen. Der aus dem Diagramm abgelesene Wert ist jedoch vieldeutig, da $\varphi = \Theta + 2\pi m$ (m = ganzzahlig) sein kann. Hierin ist die bei Versuchen festgestellte Tatsache begründet, daß sich stabile und instabile Bereiche ablösen, d. h. für jedes Wertepaar von ω und k_1 kann bei mehreren Drehzahlen die Stabilitätsgrenze erreicht werden. Die Drehzahl läßt sich aus den obigen Beziehungen wie folgt berechnen:

$$\Theta + 2\pi m = \omega \frac{T}{z},$$

mit $\omega = 2\pi f$ und $n = 60 \dfrac{1}{T}$ ergibt sich

$$n = \frac{120 \cdot f}{z\left(\dfrac{\Theta}{\pi} + 2m\right)}.$$

Hieraus lassen sich folgende Schlüsse ziehen:

Regeneratives Rattern kann nur dann auftreten, wenn die Ortskurve einen negativen Realteil hat. Die Ratterneigung einer Maschine wird durch das Maximum des Realteils im 2. und 3. Quadranten charakterisiert und ist gering, wenn dieser Wert klein ist.

Liegt die Ortskurve an der Schnittstelle vor, wobei in Schnittkraftrichtung erregt und senkrecht zur Schnittfläche gemessen wurde, so läßt sich nach den genannten Beziehungen eine Stabilitätskarte aufstellen, die allerdings nur für eine ganz bestimmte Arbeitsbedingung gilt.

Nach TOBIAS ist der Spandickenkoeffizient k_1 ein dynamischer Koeffizient. Bis jetzt ist es noch nicht gelungen, den tatsächlichen Wert von k_1 experimentell zu bestimmen. Es ist aus diesem Grunde nicht möglich, in der Stabilitätskarte einen dem Spandickenkoeffizienten entsprechenden Wert für die Grenzspanbreite anzugeben. Deshalb wird in den Stabilitätskarten nur der Spandickenkoeffizient k_1 bzw. $z_c k_1$ für mehrschneidige Werkzeuge angegeben, der ein Maß für die dynamische Stabilität darstellt.

Eine besondere Schwierigkeit ergibt sich bei der Ermittlung der Schnittkraftrichtung und der Hauptkopplungsrichtung, wenn die beschriebene Theorie auf einen Fräsprozeß angewendet werden soll. Es sind hier im allgemeinen mehrere Schneiden gleichzeitig im Eingriff, die ihre räumliche Lage auf Grund der Fräserdrehung fortlaufend ändern. Für die Übertragung des Verfahrens sei angenommen, daß die auf den Fräser einwirkende Kraft durch die Resultierende aus den Teilkräften darzustellen ist, die bei einer mittleren Drehstellung des Fräsers an den einzelnen Zähnen angreifen. Zur Berechnung der Teilkräfte wurde auf die Ergebnisse von Schnittkraftmessung beim Drehen [9, 10] zurückgegriffen. Entsprechend läßt sich auch die Hauptkopplungsrichtung, die sich von Zahn zu Zahn und während der Drehung ständig ändert, durch einen Mittelwert annähern [8].

6.2 Anwendbarkeit der Theorie bei Schwerwerkzeugmaschinen

Um die Anwendbarkeit der Theorie des regenerativen Ratterns, die ausgehend von den Gegebenheiten des Drehprozesses aufgestellt wurde, bei der Fräsbearbeitung auf Schwerwerkzeugmaschinen zu überprüfen, wurden umfangreiche praktische Untersuchungen durchgeführt. Dabei zeigte sich, daß die Übereinstimmung zwischen den Ergebnissen der Stabilitätsberechnung aus der gemessenen Ortskurve und dem tatsächlichen Ratterverhalten besonders dann sehr gut ist, wenn eine bestimmte Eigenschwingung das Ratterverhalten bestimmt. In diesem Fall spielen die unvermeidbaren Ungenauigkeiten bei der Festlegung der mittleren Schnittkraftrichtung und der Richtung für die Schwingungsmessung nur noch eine untergeordnete Rolle. Im folgenden sei als Beispiel die Stabilitätsuntersuchung an einer Portalfräsmaschine beschrieben.
Eine Bearbeitungsoperation auf derartigen Maschinen, bei der sehr häufig Ratterschwingungen auftreten, ist das Schruppfräsen senkrechter Flächen mit Hilfe eines Winkelfräskopfes. Dieses Aggregat, das in Abb. 32 zu erkennen ist, wird an den normalen Querbalkensupport geschraubt. Zur Messung der für die Berechnung der Stabilitätskarte benötigten Ortskurve wurde ein elektro-hydraulischer Schwingungserreger, wie in der Abbildung gezeigt, zwischen Werkstück und Werkzeug angeordnet. Bei Erregung mit einer Wechselkraft von ± 100 kp in Richtung der mittleren resultierenden Schnittkraft P und Messung der Schwingwegamplituden in Richtung der maximalen Kopplung y_1 (vgl. Abb. 33) ergab sich die in Abb. 34 wiedergegebene Ortskurve.
Man erkennt in dem Verlauf der Kurve mehrere Schleifen, die den Eigenfrequenzen verschiedener Elemente wie Ständer, Querbalken, Winkelfräskopf und Aufspannkästen für das Versuchswerkstück entsprechen. Die Schleife bei 34 Hz ist einer Torsionseigenschwingung des Systems Support–Querbalken zuzuordnen, während bei 53 Hz eine Eigenschwingung des Winkelfräskopfes in y-Richtung und bei 101 Hz eine Eigenschwingung des Werkstücks mit seiner Aufspannung vorliegt. Gegenüber diesen Resonanzen spielen die Portaleigenfrequenzen im vorliegenden Fall eine untergeordnete Rolle.
Aus der gemessenen Ortskurve wurde die theoretische Stabilitätskarte für den untersuchten Fräsprozeß bestimmt (Abb. 35). Man erkennt, daß sich die Karte aus zwei Reihen einzelner instabiler Bereiche zusammensetzt. Sie entsprechen den Ortskurvenschleifen um 55 und 103 Hz, die den größten negativen Realteil auf-

Abb. 32 Versuchsanordnung zur Ortskurvenmessung an einer Portalfräsmaschine mit Winkelfräskopf

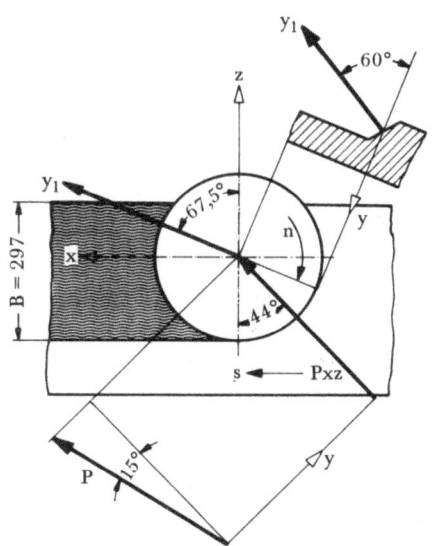

Abb. 33 Erregerrichtung P und Meßrichtung y_1 bei der Ortskurvenmessung

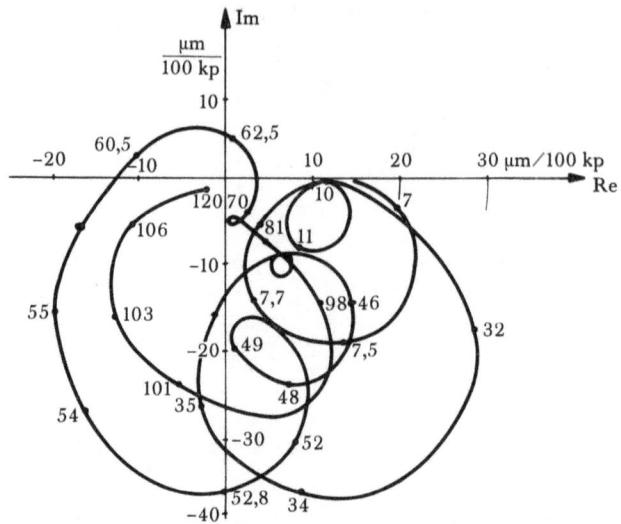

Abb. 34　Ortskurve einer Portalfräsmaschine mit Winkelfräskopf

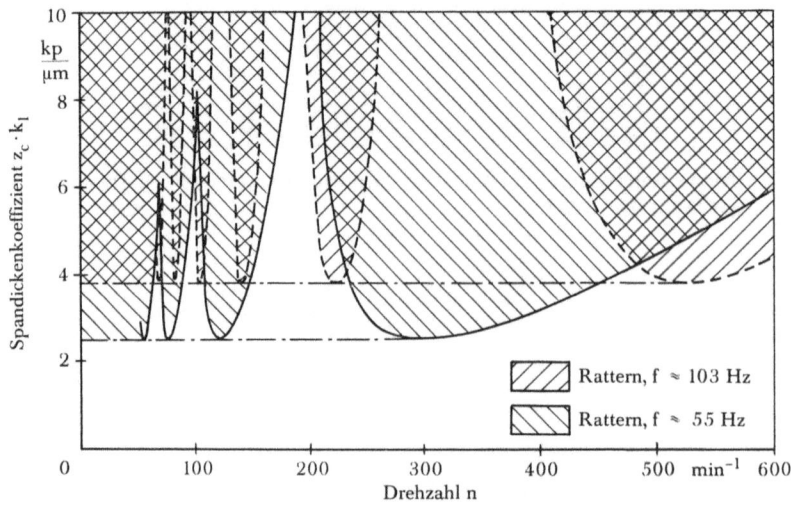

Abb. 35　Aus der Ortskurve berechnete Stabilitätskarte

weisen. In dem hier für die Zerspanung in Frage kommenden Drehzahlbereich zwischen 30 min^{-1} und 120 min^{-1} überschneiden sich diese Bereiche allerdings schon sehr stark.

Da die untere Reihe der Ortskurvenschleife um 55 Hz entspricht, ist zu erwarten, daß bei Zerspanungsversuchen zunächst Rattern mit dieser Frequenz auftritt.

Das Ergebnis der theoretischen Stabilitätsanalyse wurde durch die anschließend durchgeführten Zerspanungsversuche bestätigt. In Abb. 36 ist die Größe der in der Nähe der Schnittstelle gemessenen Schwingungsamplituden als Funktion der Drehzahl aufgetragen.

Um den Vergleich mit den theoretisch gefundenen Werten zu erhalten, ist in das Diagramm die berechnete Stabilitätskarte für den untersuchten Drehzahlbereich noch einmal im gleichen Maßstab eingezeichnet. Während bei der Schnitttiefe $a = 8$ mm die Schwingungsamplituden in allen Versuchen kleiner als 10 μm

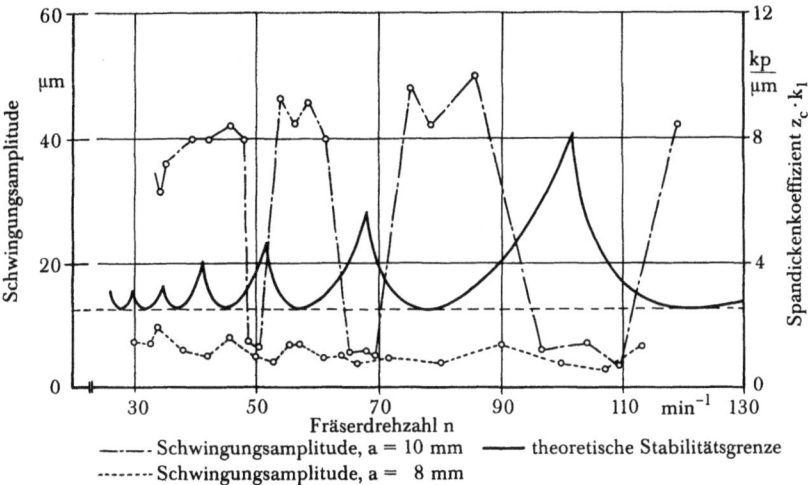

Abb. 36　Schwingungsamplituden beim Fräsen

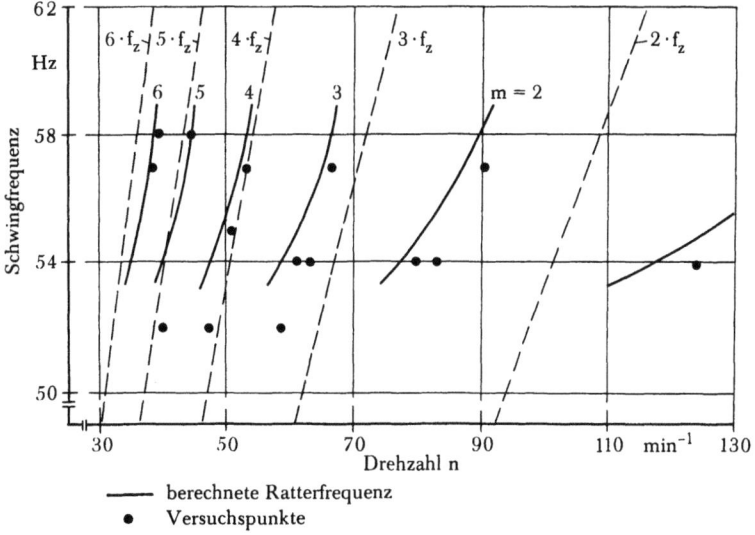

Abb. 37　Abhängigkeit der Ratterfrequenz von der Fräserdrehzahl

waren, steigen die Werte bei der Schnittiefe $a = 10$ mm in einigen Drehzahlbereichen auf mehr als 40 μm an.

Dazwischen entsprechen sie etwa denen bei der kleineren Schnittiefe. Aus der Gegenüberstellung mit der berechneten Stabilitätskarte geht eindeutig hervor, daß es sich um regeneratives Rattern handelt. Eine Auswertung der auftretenden Ratterfrequenzen (Abb. 37) bestätigte die Voraussage, daß zunächst Rattern mit Frequenzen um 55 Hz eintreten muß.

Die gemessenen Schwingfrequenzen stimmen mit den aus der Ortskurve berechneten Werten annähernd überein. Gleichzeitig ist aus dem Diagramm zu ersehen, daß die Ratterfrequenzen sich deutlich von den Harmonischen der Zahneingriffsfrequenz unterscheiden, die sich aus der Beziehung ergeben

$$f = m \cdot \frac{z \cdot n}{60}$$

$$m = 1, 2, 3 \ldots$$

Diese Ergebnisse zeigen, daß die selbsterregten Schwingungen beim Fräsen durch die Theorie des regenerativen Ratterns sehr gut erklärt werden können.

7. Zusammenfassung

Von Schwerwerkzeugmaschinen werden höchste Zerspanungsleistungen und gleichzeitig hohe Arbeitsgenauigkeiten verlangt. Zur Erfüllung dieser Forderungen ist eine genaue Kenntnis des Verhaltens dieser Maschinen gegenüber statischen und dynamischen Belastungen erforderlich. Maßgebend für die Arbeitsgenauigkeit sind die Verlagerungen an der Schnittstelle.
Um diese Zusammenhänge zu klären, wurden zunächst die Verformungen der einzelnen Bauteile von Portalfräsmaschinen unter statischen Belastungen ermittelt und in einer Kraftflußanalyse die Verformungsanteile dieser Elemente an der Gesamtverlagerung an der Schnittstelle festgestellt. Die hierbei gewonnenen Resultate haben auch für andere Schwerwerkzeugmaschinentypen – z. B. Einständermaschinen – Gültigkeit, da wegen des Aufbaues und der Art der Elementeverbindungen viele Gemeinsamkeiten mit anderen Maschinen bestehen. Die Ergebnisse lassen erkennen, daß der Verbindung zwischen Ständer und Fundament besondere Bedeutung zukommt, da von dieser Verbindung ein wesentlicher Teil der Zerspanungskräfte auf das Fundament übertragen wird und die hierdurch verursachten Verlagerungen, die zu einem Kippen des Ständers um dessen Fußpunkt führen, bis zu 25% der Gesamtverlagerung an der Schnittstelle betragen können.
In dynamischen Versuchen wurden die Resonanzstellen und Schwingungsformen der Bauteile sowie die Stabilität des Zerspanungsprozesses untersucht. Es zeigte sich dabei, daß die wesentlichen Resonanzfrequenzen bei allen untersuchten Maschinen in Bereichen liegen, die für die einzelnen Elemente wie Portal, Querbalken und Support sowie Spindel, charakteristisch sind.
Die Stabilität beim Fräsen gegenüber regenerativem Rattern wurde durch Anwendung der Theorie von GURNEY-TOBIAS mit Hilfe von Wechselkraftversuchen bestimmt. Die Ergebnisse lassen eine grundsätzliche Übereinstimmung der durch Erreger- und Fräsversuche aufgestellten Stabilitätskarten auch bei Schwerwerkzeugmaschinen erkennen.
An Hand der vorliegenden Ergebnisse kann festgestellt werden, welche Elemente die größten Relativbewegungen an der Schnittstelle hervorrufen. Hieraus lassen sich gezielt konstruktive Maßnahmen zur Verbesserung des statischen und dynamischen Verhaltens von Schwerwerkzeugmaschinen ableiten.

Literaturverzeichnis

[1] SCHLESINGER, G., Prüfbuch für Werkzeugmaschinen. Verlag G. W. den Boer-Middelburg.
[2] ANDREW, C., und S. A. TOBIAS, A Critical Comparison of Two Current Theories of Machine Tool Chatter. Int. J. Machine Tool Des. Res. 1 (1961), S. 325.
[3] GURNEY, J. P., und S. A. TOBIAS, A Graphical Method for the Determination of the Dynamic Stability of Machine Tools. Int. J. Machine Tool Des. Res. 1 (1961), S. 148.
[4] SWEENEY, G., und S. A. TOBIAS, An Algebraic Method for the Determination of the Dynamic Stability of Machine Tools. ASME Tagung, Pittsburgh 1963.
[5] PETERS, J., und P. VANHERCK, Ein Kriterium für die dynamische Stabilität von Werkzeugmaschinen. Industrie-Anzeiger 85 (1963), Nr. 11 und 19.
[6] LEMON, J. R., und G. W. LONG, Effect and Control of Chatter Vibrations in Machine Tool Processes. Interim Engineering Progress Reports IR-7-771/I-VI.
[7] LEMON, J. R., und G. W. LONG, Survey of Chatter Research at the Cincinnati Milling Machine Company (CMMCo). 5th International M.T.D.R. Conference, University of Birmingham, Sept. 1964.
[8] DANEK, O., M. POLACEK, L. SPACEK und J. TLUSTY, Selbsterregte Schwingungen an Werkzeugmaschinen. VEB-Verlag, 1962.
[9] MEYER, K. F., Vorschub- und Rückkräfte beim Drehen mit Hartmetallwerkzeugen. Dissertation, TH Aachen 1963.
[10] VICTOR, H., Beitrag zur Kenntnis der Schnittkräfte beim Drehen, Hobeln und Bohren. Dissertation, TH Aachen 1956.
[11] BIELEFELD, J., Über die Starrheit von Werkzeugmaschinengestellen. Dissertation, TH Aachen 1959.
[12] BILSING, R., Beispiele für die erforderliche Werkzeugmaschinengenauigkeit im Schwermaschinenbau. Ind.-Anzeiger 82 (1960), H. 62, S. 216.
[13] DOI, S., und S. KATO, Chatter Vibrations of Tools. Transactions of ASME 78 (1956), S. 1127.
[14] EISELE, F., und H. LYSEN, Erweiterte Genauigkeitsprüfung von Werkzeugmaschinen. Maschinenmarkt 1959, S. 161, 191 und 210.
[15] ELIAS, K., Das Baukastenprinzip der Planfräsmaschinen der Typenreihe FR. Schwerind. der CSR 8 (1963), S. 14.
[16] FRIDMANN, J. A., Die Berechnung der Größe des Neigungswinkels der Spindeln einer Fräsmaschine bei der Bearbeitung von Flächen. Stanki i Instr. 4 (1963), S. 41.
[17] HONRATH, K., Über die Starrheit von Werkzeugmaschinenspindeln und deren Lagerung. Dissertation, TH Aachen 1960.
[18] HUCKS, H., Feinbearbeitung auf Großwerkzeugmaschinen. Ind.-Anzeiger 79 (1957), H. 28, S. 391.
[19] JARAUSCH, R., Maschinenuntersuchungen in praktischer und theoretischer Sicht unter besonderer Berücksichtigung des Schwingungsverhaltens. Ind.-Anzeiger 84 (1962), H. 2, S. 21.